高职高专"十三五"规划教材

中国石油和化学工业优秀出版物奖·教材奖一等奖

普通化学
PUTONG HUAXUE

第三版

陈东旭　吴卫东　主编　　　胡莉蓉　副主编
林俊杰　主审

化学工业出版社

·北京·

《普通化学》第三版在第二版基础上，根据高等职业教育非化工类专业的教学计划和化学教学大纲，结合近几年的教学实践以及化学学科的发展而修订。全书内容包括绪论、物质结构和元素周期律、物质的量、常见的金属元素及其化合物、常见的非金属元素及其化合物、化学反应速率和化学平衡、电解质溶液、有机化合物与烃、烃的衍生物、化学与材料、化学与能源、化学与食品营养以及学生实验。

全书针对高职高专的教学特点，突出实用性和实践性，贯彻理论"必需、够用"的原则，注重相关新知识、新技术、新材料和新工艺的介绍。为方便教学，本书配有电子课件。

本书可作为高等职业教育非化工类专业化学课程的教科书和参考书，也可作为化学爱好者的业余读本。

图书在版编目（CIP）数据

普通化学/陈东旭，吴卫东主编. —3 版. —北京：化学工业出版社，2018.8（2024.1重印）
高职高专"十三五"规划教材
ISBN 978-7-122-32486-3

Ⅰ.①普… Ⅱ.①陈…②吴… Ⅲ.①普通化学-高等职业教育-教材 Ⅳ.①O6

中国版本图书馆 CIP 数据核字（2018）第 136523 号

责任编辑：旷英姿　林　媛　陈有华　　　　　　装帧设计：王晓宇
责任校对：马燕珠

出版发行：化学工业出版社（北京市东城区青年湖南街 13 号　邮政编码 100011）
印　　刷：三河市航远印刷有限公司
装　　订：三河市宇新装订厂
787mm×1092mm　1/16　印张 11¼　彩插 1　字数 239 千字　2024 年 1 月北京第 3 版第 9 次印刷

购书咨询：010-64518888　　　　　　售后服务：010-64518899
网　　址：http://www.cip.com.cn
凡购买本书，如有缺损质量问题，本社销售中心负责调换。

定　　价：28.00元　　　　　　　　　　　　　　　　　　版权所有　违者必究

前言

《普通化学》第一、第二版是在多年教学实践中经多次修订分别于2006年、2010年出版的，它在教学中发挥了良好的作用。近几年，由于客观情况发生了不少变化，不仅科学技术迅速发展，一些新科技知识需要反映到教材中来，有些实验数据也因测量技术的改进或基准的改变而有所变化。同时，中学化学课内容有较大的变化，直接影响到高职高专普通化学课程的内容衔接。从2006年第一版出版至今，使用本书的学校也先后提出许多宝贵意见。本着教材应遵循高职高专人才培养目标，贯彻应用型、技能型人才培养的教育理念，因此有必要在前两版的基础上再进行补充和完善。

这次的修订我们保持了前两版的风格和特点，努力更新内容。特别着力于增加教材的实践性，以利于各高职院校在使用本教材时，辅以必要的实践活动，来达到提高学生的化学基础理论水平和实际运用能力的目的。本次修订遵循的是精练文字，贯彻基本知识基础理论"必需、够用"的原则，对部分内容做了适当的调整和充实，如增加了配位键、配位化合物及其应用的内容，增加了部分阅读材料，补充了必要的新材料、新知识点。教材中标有"＊"的为选学内容。

本次修订由陈东旭完成。

本书在修订过程中，得到全国石油化工职业教育教学指导委员会、化学工业出版社和有关学校的大力支持，在此一并致谢！

由于编者水平有限，书中疏漏之处在所难免，欢迎同仁和广大读者批评指正。

编者
2018年6月

第一版前言

本书是根据高等职业教育非化工专业学生对化学知识的需求而编写的。可作为高等职业教育非化工类专业的化学课程教科书和参考书。本书编写的原则是：

1. 教材内容的选择上，努力贯彻理论知识适度，后续课程够用的原则，淡化理论，强调应用。

2. 着眼突出以学生为主体，注重培养学生的动手能力和创新思维能力。编者根据多年的教学经验以及教育改革和教育形势发展的要求，从生产和生活实际入手，有目的地引导学生学习新知识的理论层面，又注重理论知识在实际工作中的指导意义和具体应用。

3. 教材注重了加强对学生环保意识的培养和合理利用资源的教育，使学生加深对可持续发展思想的认识。

4. 教材的每个章节配以阅读材料，以提高非化工类专业学生在化学方面的知识层次，拓宽知识领域。

本书由陈东旭、吴卫东主编。各章执笔者为：陈东旭（第一章、第二章、第三章、第四章、学生实验），吴卫东、杨延军（第五章、第六章），胡莉蓉（第七章、第八章、第九章、第十章、第十一章）。全书由陈东旭统稿。林俊杰主审。

本书在编写出版过程中，始终得到全国石油化工职业教育教学指导委员会、化学工业出版社和有关学校的大力支持，在此一并致谢！

由于编者水平有限、时间仓促，不妥之处在所难免，敬请读者不吝赐教。本书参考了有关专著和资料，谨在此向其作者致以崇高的敬意和感谢。

编者
2006 年 5 月

第二版前言

《普通化学》第一版是在多年教学实践中经多次修订后于 2006 年正式出版的。它在教学中发挥了良好的作用。在此期间，客观情况发生了不少变化，不仅科学技术迅速发展，一些新科技知识需要反映到教材中来，有些实验数据也因测量技术的改进或基准的改变而有所改变。同时，中学化学课内容有较大的变化，直接影响到高职高专普通化学课程的内容衔接。从 2006 年出版至今，使用本书的学校也先后提出许多宝贵意见。本着教材应遵循高职高专人才培养目标，贯彻应用性、技能性人才培养的教育理念，因此有必要对原书进行补充和完善。

修订过程中，我们在保持第一版特色的基础上，努力更新内容，特别着力于增加教材的实践性，以利于各高职院校在使用本教材时，辅以必要的实践活动，来达到提高学生的化学基础理论水平和实际运用能力的目的。本次修订遵循的是精练文字，贯彻基本知识基础理论"必需、够用"的原则，对部分内容做了适当的调整，如增加了电镀的应用，增加了有机化学中烯烃、炔烃的命名，适当增加了重要的有机化合物介绍，补充了必要的新材料、新知识点。

本次修订由陈东旭和胡莉蓉完成。本书有配套的电子课件。

本书在修订过程中，得到全国石油化工职业教育教学指导委员会、化学工业出版社和有关学校的大力支持，在此一并致谢！

由于编者水平有限，书中疏漏之处在所难免，欢迎广大读者批评指正。

编者
2010 年 4 月

目录

绪 论

第一章 物质结构 元素周期律

第一节 原子结构 ·· 004
  一、原子构成 ·· 004
  二、同位素 ·· 005
  三、原子核外电子的排布 ·· 005
第二节 元素周期律 元素周期表 ··· 008
  一、元素周期律 ·· 008
  二、元素周期表 ·· 009
第三节 化学键 ·· 012
  一、离子键 ·· 012
  二、共价键 ·· 013
  三、金属键 ·· 015
  *四、配位键和配位化学物 ··· 015
本章小结 ·· 017
阅读材料 放射性同位素应用 ··· 019
习题 ··· 020

第二章 物质的量

第一节 物质的量 ·· 021
  一、物质的量及其单位——摩尔 ··· 021
  二、摩尔质量 ·· 022
  三、有关物质的量的计算 ·· 022
第二节 气体的摩尔体积 ·· 023
  一、气体的摩尔体积 ·· 023
  二、气体的摩尔体积的计算 ··· 024
第三节 物质的量浓度 ··· 025
  一、物质的量浓度 ··· 025
  二、有关物质的量浓度的计算 ·· 025
第四节 化学方程式的计算 ··· 026

| 一、化学方程式 | 026 |
| 二、根据化学方程式的计算 | 027 |

本章小结 ·· 027
阅读材料一 物质的量的单位——摩尔 ··· 028
阅读材料二 纳米材料 ··· 029
习题 ·· 030

第三章 常见金属元素及其化合物

第一节 钠及其化合物 ··· 032
  一、钠的性质 ·· 032
  二、钠的重要化合物 ·· 033
  三、焰色反应 ·· 034
第二节 铝及其化合物 ··· 035
  一、铝的性质和用途 ·· 035
  二、铝的化合物 ·· 036
第三节 铁及其化合物 ··· 036
  一、铁的性质 ·· 037
  二、铁的化合物 ·· 037
  三、铁离子的检验 ·· 038
第四节 硬水的软化 ··· 038
  一、硬水和软水 ·· 038
  二、硬水的危害 ·· 038
  三、硬水的软化 ·· 039
本章小结 ·· 040
阅读材料一 最软的金属——铯 ··· 040
阅读材料二 金属元素和人体健康 ··· 041
习题 ·· 041

第四章 常见非金属元素及其化合物

第一节 氯及其化合物 ··· 043
  一、氯气的性质和用途 ·· 043
  二、氯离子的检验 ·· 045
  三、氯气的实验室制法 ·· 045
  四、氯化氢及盐酸 ·· 045
第二节 氧 臭氧 过氧化氢 ··· 046
  一、氧和臭氧 ·· 046
  二、过氧化氢 ·· 047
第三节 硫及其化合物 ··· 047

一、硫 ··· 047
　　二、硫化氢 ··· 048
　　三、二氧化硫 ··· 048
　　四、硫酸 ··· 049
第四节　氮及其化合物 ·· 049
　　一、氮 ··· 049
　　二、氨 ··· 050
　　三、硝酸 ··· 051
第五节　硅及其化合物 ·· 051
　　一、硅 ··· 051
　　二、硅的化合物 ··· 052
本章小结 ·· 054
阅读材料一　海水的化学资源 ·· 055
阅读材料二　大气污染 ·· 055
习题 ·· 057

第五章　化学反应速率　化学平衡

第一节　化学反应速率 ·· 059
　　一、反应速率的表示方法 ··· 059
　　二、影响化学反应速率的因素 ··· 059
第二节　化学平衡 ·· 061
　　一、可逆反应 ··· 061
　　二、化学平衡 ··· 061
　　三、平衡常数 ··· 062
第三节　化学平衡的移动 ·· 062
　　一、化学平衡移动原理 ··· 062
　　二、化学反应速率和化学平衡移动原理在化工生产中的应用 ··················· 064
本章小结 ·· 064
阅读材料　生物催化剂 ·· 065
习题 ·· 065

第六章　电解质溶液

第一节　强电解质与弱电解质 ·· 067
　　一、电解质的强弱 ··· 067
　　二、弱电解质的电离平衡 ··· 068
第二节　水的电离和溶液的 pH ·· 069
　　一、水的离子积常数 ··· 069
　　二、溶液的酸碱性和 pH ··· 069

三、酸碱指示剂 ··· 070
第三节 离子反应和离子方程式 ··· 070
  一、离子反应和离子方程式 ··· 070
  二、离子反应发生的条件 ··· 071
第四节 盐类的水解 ·· 072
  一、盐类的水解 ·· 072
  二、盐类水解的应用 ··· 073
第五节 氧化还原反应和电化学基础 ·· 074
  一、氧化还原反应 ·· 074
  二、原电池 ··· 075
  三、电解 ·· 076
  四、金属的腐蚀与防护 ··· 078
本章小结 ··· 081
阅读材料 微生物燃料电池 ··· 082
习题 ·· 082

第七章 有机化合物中的烃

第一节 有机化合物概述 ··· 084
  一、有机化合物和有机化学 ··· 084
  二、有机化合物的特点 ··· 085
  三、有机化合物的分类 ··· 085
第二节 甲烷与烷烃 ·· 086
  一、甲烷 ·· 086
  二、烷烃 ·· 088
第三节 乙烯与烯烃 ·· 091
  一、乙烯 ·· 091
  二、烯烃 ·· 093
第四节 乙炔与炔烃 ·· 094
  一、乙炔 ·· 094
  二、炔烃 ·· 095
第五节 苯 芳香烃 ··· 096
  一、苯 ·· 096
  二、芳香烃 ··· 098
本章小结 ··· 099
阅读材料 苯的发现和苯分子结构学说 ·· 100
习题 ·· 101

第八章 烃的衍生物

第一节 乙醇 苯酚 乙醚 ·· 103

一、乙醇	103
二、苯酚	106
三、乙醚	107

第二节　乙醛　丙酮 …………………………………………………………… 107
　　一、乙醛 …………………………………………………………………… 107
　　二、丙酮 …………………………………………………………………… 110
第三节　乙酸　乙酸乙酯 ……………………………………………………… 110
　　一、乙酸 …………………………………………………………………… 110
　　二、乙酸乙酯 ……………………………………………………………… 112
第四节　氯乙烷　卤代烃 ……………………………………………………… 113
　　一、氯乙烷 ………………………………………………………………… 113
　　二、氯乙烯 ………………………………………………………………… 113
　　三、氟里昂 ………………………………………………………………… 114
本章小结 ………………………………………………………………………… 114
阅读材料一　为何不用纯酒精消毒 …………………………………………… 115
阅读材料二　干洗技术与化学 ………………………………………………… 115
习题 ……………………………………………………………………………… 116

第九章　化学与材料

第一节　金属材料 ……………………………………………………………… 118
　　一、金属的结构和特性 …………………………………………………… 118
　　二、合金 …………………………………………………………………… 119
　　三、超导材料 ……………………………………………………………… 120
第二节　非金属材料 …………………………………………………………… 121
　　一、非金属单质的特性 …………………………………………………… 121
　　二、非金属材料 …………………………………………………………… 121
第三节　高分子聚合物与合成材料 …………………………………………… 123
　　一、高聚物的基本概念 …………………………………………………… 123
　　二、高聚物的特性 ………………………………………………………… 125
　　三、合成材料 ……………………………………………………………… 125
本章小结 ………………………………………………………………………… 128
阅读材料一　从天然橡胶到合成橡胶 ………………………………………… 128
阅读材料二　激光材料 ………………………………………………………… 129
习题 ……………………………………………………………………………… 130

第十章　化学与能源

第一节　煤　石油　天然气 …………………………………………………… 132
　　一、煤炭及其综合利用 …………………………………………………… 132

二、石油 ·· 134
　　三、天然气 ·· 136
第二节　核能与化学电源 ·· 136
　　一、核能 ·· 136
　　二、化学电源 ··· 136
第三节　新能源的开发与利用 ··· 137
　　一、太阳能 ·· 137
　　二、生物质能 ··· 137
　　三、绿色电池 ··· 138
　　四、氢能 ·· 138
本章小结 ·· 139
阅读材料　人类能源的新希望——可燃冰 ·· 139
习题 ··· 140

第十一章　化学与食品营养

第一节　油脂 ·· 141
　　一、油脂的组成和结构 ·· 141
　　二、油脂的性质 ·· 142
　　三、油脂的营养生理功能 ·· 143
第二节　糖类 ·· 143
　　一、单糖 ·· 143
　　二、低聚糖 ·· 145
　　三、多糖 ·· 145
　　四、糖类的营养生理功能 ·· 146
第三节　蛋白质 ··· 146
　　一、蛋白质的组成 ·· 147
　　二、蛋白质的性质 ·· 147
　　三、蛋白质的营养生理功能 ·· 147
第四节　合理营养与平衡膳食 ··· 148
　　一、合理营养的概念和意义 ·· 148
　　二、平衡膳食的组成 ··· 148
本章小结 ·· 149
阅读材料　新型甜味剂——三氯蔗糖 ·· 150
习题 ··· 151

学生实验

实验一　化学实验基本操作和溶液的配制 ·· 152
实验二　重要的非金属化合物的性质 ·· 156

实验三　化学反应速率和化学平衡 …………………………………………………… 158
实验四　电解质溶液　pH 测定 ………………………………………………………… 160
实验五　乙烯、乙炔的制法和性质 ……………………………………………………… 161
实验六　烃的含氧衍生物的性质 ………………………………………………………… 162

附录　常见酸、碱和盐的溶解性表 (20℃)

参考文献

元素周期表

绪论

在我们周围世界中存在着的万物和现象是形形色色、多种多样的。它们之间不管有多大的差别，但有一点是完全相同的，这就是它们归根结底都是客观存在的物质。如水、矿物岩石、空气、食物和我们的身体，以及微观世界中的原子、电子等。物质都处在不断的运动和变化之中，例如，岩石的风化、金属的生锈、塑料和橡胶制品的老化以及人的生老病死等。

化学是自然科学的一个组成部分，它的研究对象是物质的化学变化。物质的化学变化取决于物质的化学性质，而化学性质又由物质的组成和结构所决定。所以，化学是研究物质的组成、结构、性质、合成及其变化规律的一门自然科学。

社会的发展，社会生产力的发展带动了化学的发展。人类社会自有史以来，就有化学记载。钻木取火，用火烧煮食物，烧制陶器，冶炼青铜器和铁器等，都是化学技术的应用。正是这些应用，又极大地促进了社会生产力的发展，使人类不断发展进步。在漫长的时间里，炼丹术士和炼金术士们，为求得长生不老的仙丹，开始了最早的化学实验。这一时期积累了许多物质间的化学变化知识，为化学的进一步发展准备了丰富的素材。从17世纪到18世纪，随着冶金工业和实验室经验的积累，人们总结感性知识，认为可燃物能够燃烧是因为它含有燃素，燃烧的过程是可燃物中燃素放出的过程，可燃物放出燃素后成为灰烬。

到19世纪，化学进入了蓬勃发展时期，1803年，英国化学家道尔顿提出"原子假说"理论，引入了"原子量"的概念；1811年，意大利科学家阿伏加德罗引入了"分子"的概念，创立"原子-分子论"，成为近代化学的理论基础；1869年，俄罗斯化学家门捷列夫发现元素周期律，排出了元素周期表，这是近代化学的重要里程碑。周期律为寻找和预见新元素提供了理论上的向导。至1961年已发现原子序数1到103的元素。

我国是世界文化发达最早的国家之一，在化学方面也有过许多重大的发明创造。远在六千多年前，我们的祖先就能烧制精美的陶器；早在三千多年前的商代，就已掌握了青铜的冶炼和铸造技术；两千多年前就能冶炼钢铁；造纸、瓷器和火药是中国古代化学工艺三大发明，早就闻名于世；酿造、涂料、染色、制糖、制革、食品和制药等化学工艺，在我国历史上都有令人瞩目的重大成就。明代著名医药学家李时珍在他的《本草纲目》中，曾详细地论述了数百种单质和化合物的特性和制备方法。

18世纪以后，当化学工业在欧洲迅速发展的时候，我国由于受帝国主义的侵略，封建主义和官僚资本主义的压迫，我国科学技术的发展停滞不前，化学学科和化学工业都处于极其落后的状态。中华人民共和国成立后，我国的化学科学和化学工业有了巨大的发展，各种主要化工产品，如纯碱、烧碱、硫酸、合成氨、化肥和农药等的产量都有了较大的增长；石油化工生产更是突飞猛进，基本建成了合成塑料、合成橡胶、合成纤维、涂料和胶黏剂五大合成材料的工业基地；用于火箭、导弹、核工业和人造卫星等所需的各种特殊材料也能独立生产。在化学科学研究方面，1965年我国首先用化学方法合成了具有生物活性的结晶牛胰岛素，为蛋白质的合成做出了显著贡献。1990年11月，我国在世界上首次观察到DNA的变异结构——三链辫态缠绕片断，在生命科学领域取得重大进展。

随着人们掌握的化学知识越来越多，化学研究的范围也越来越广泛。为方便起见，按研究的对象和研究目的的不同，将基础化学分为无机化学、有机化学、分析化学和物理化学。化学与其他学科的相互渗透，又形成了生物化学、农业化学、石油化学、煤化学、海洋化学、地质化学、地球化学、辐射化学和半导体化学等许多分支。

迅速发展的科学技术，使稀有元素化学、配位化学等一些新的化学领域显示出可观的前景。同时，迅速发展的科学技术又给化学提出了更高的要求，因此探求新工艺、合成新材料是化学的重要课题和光荣任务。

高新科技的发展，促使新技术、新材料、新产品不断涌现，给人们带来新的生活理念和生活方式。1987年3月，中科院物理所赵忠贤研究员等在多相的钇-钡-铜复合氧化物中观察到163℃的临界温度。这意味着我国在超导材料研究方面取得了突破性进展，预示了无损耗输电、超高速电子计算机、磁悬浮列车等技术付诸实施的可能性。我国首条磁悬浮列车线路已于2003年在上海实现了商业性运营。

光导纤维是一种由硅、锗氧化物制成的如头发粗细的纤维，它可以供25000人同时通电话而互不干扰。

氢气是一种既不污染空气，资源又极丰富的能源。化学家发现并合成了一大类能储存氢气的稀土金属氧化物（如$LaNi_5$等）。加压时它们吸收氢气，减压后氢气被释放出来，解决了氢气的储运难题。

近几年一些科学家合成了具有特殊性能的纳米材料，这种材料的粒径在1~100nm之间。在化纤中掺入超微金属颗粒，可制成防电磁辐射纤维或电热纤维；由纳米级原料压制成的陶瓷材料有良好的韧性和超塑性。纳米技术在催化、能源和环保领域有着越来越广泛的应用。

新技术、新产品在给人们带来乐趣、多彩和舒适生活的同时，环境问题也紧随其后，它已威胁到人类的健康与生存。当今世界十大环境问题——全球变暖、臭氧层破坏、大气污染、海洋污染、淡水资源紧张和污染、土地沙漠化、森林锐减、生物多样性减少、酸雨蔓延、有毒化学品和危险废物造成的污染中，至少有7个直接与化学和化工产品中的化学物质的污染有关，这些问题肯定要由化学工作者来解决。

进入21世纪，人们将在能源、材料、粮食、医药、环境保护等关乎民生的重大科技领域进行深入研究和创新，这无不需要化学工作者做出长期不懈的努力。

化学是一门重要的基础课。我们的目的是在中学化学知识的基础上进一步学习和掌握化学基础知识和基本技能，培养学生分析问题和解决一些较简单化学实际问题的能力，为学好专业课和以后进一步学习现代科学技术打好基础。本课程对学生的基本要求是：初步掌握物质结构、元素周期律、化学平衡、电解质溶液、氧化还原等基本概念和基本理论；熟悉和掌握一些重要元素及重要无机化合物和有机化合物的结构、性质，了解它们在工农业生产中的有关应用；掌握基本的化学计算；学会基本的化学实验技能。

要学好化学这门重要的基础课，第一，要正确理解并牢固掌握化学用语、基本概念和基本理论，从本质上来认识物质及其变化规律；第二，在学习重要物质的系统知识时，要注意物质的性质、用途和制法之间的相互联系，要善于通过各种物质性质的比较，找出它们的内在联系；第三，要结合工农业生产实际和生活实际，运用所学到的化学知识来解释现象和解答问题；第四，化学是一门以实验为基础的科学，通过化学实验，能加深理解，巩固所学到的基础知识和基本理论，训练基本技能，因此学习化学时应该重视化学实验；最后还要强调的一点是不要习惯于单纯地死记教材内容，而要认真钻研教材，力求做到融会贯通，在理解的基础上掌握学过的内容。在学习过程中遇到困难时，除及时向教师和同学请教外，最好是学会利用各种参考资料，培养自己分析问题和解决问题的能力。

第一章
物质结构 元素周期律

学习目标

了解原子的组成、同位素的概念、核外电子的运动状态和核外电子的排布规律。理解原子结构和元素周期律的关系。

第一节 原子结构

一、原子构成

19 世纪初，人们发现，原子虽小，但仍能再分。科学实验证明，原子由原子核和核外电子组成。原子核带正电荷，居于原子的中心，电子带负电荷，在原子核周围空间作高速运动。原子核所带的正电荷数（简称核电荷数）与核外电子所带的负电荷数相等，所以整个原子是电中性的。原子很小，原子核更小，它的半径约为原子半径的几万分之一，它的体积只占原子体积的几百万分之一。原子核虽小，仍可再分。科学实验证实，原子核由质子和中子构成。现将构成原子的粒子及其性质归纳于表 1-1 中。

表 1-1 构成原子的粒子及其性质

构成原子的粒子	电子	原子核	
		质子	中子
电性和电量	1 个电子带 1 个单位的负电荷	1 个质子带 1 个单位的正电荷	不显电性
质量/kg	9.109×10^{-31}	1.673×10^{-27}	1.675×10^{-27}
相对质量①	1/1836	1.007	1.008

① 是指对 ^{12}C 原子（原子核内有 6 个质子和 6 个中子的碳原子）质量的 1/12（1.661×10^{-27} kg）相比较所得的数值。

原子作为一个整体不显电性，而核电荷数又是由质子数决定的，因此

核电荷数(Z) = 核内质子数 = 核外电子数

由于电子质量很小，可以认为原子质量主要集中在原子核上。质子和中子的相对质量都近似为 1，如果忽略电子的质量，将原子核内所有的质子和中子的相对质量取近似整数值加起来所得的数值叫质量数，用符号 A 表示。中子数用符号 N 表示。则

$$质量数(A)=质子数(Z)+中子数(N)$$

已知上述三个数值中的任意两个，就可以推算出另一个数值。

例如，已知氯原子的核电荷数为 17，质量数为 35，则

$$氯原子的中子数 = A - Z = 35 - 17 = 18$$

归纳起来，可以以 $_Z^A X$ 代表原子的组成。元素符号 X，元素符号的左下角标记核电荷数，左上角标记质量数。

二、同位素

元素是具有相同核电荷数（即质子数）的同一类原子的总称。即同种元素原子的质子数相同，那么中子数是否相同呢？科学实验证明，中子数不一定相同。例如，氢元素就有三种不同的原子，它们的名称、符号和组成等见表 1-2。

表 1-2　氢原子的三种原子的构成

名称	符号	俗称	质子数	中子数	电子数	质量数
氕（音撇）	$_1^1H$ 或 H	氢或普通氢	1	0	1	1
氘（音刀）	$_1^2H$ 或 D	重氢	1	1	1	2
氚（音川）	$_1^3H$ 或 T	超重氢	1	2	1	3

这种具有相同质子数，而中子数不同的同种元素的不同原子互称为同位素。上述 $_1^1H$、$_1^2H$、$_1^3H$ 是氢的三种同位素，同位素在周期表中占据同一位置。

许多元素都有同位素。同位素有的是天然存在的，有的是人工制造的，有的还具有放射性。除上述氢元素有同位素外，还有其他一些元素也有同位素，例如，氧元素的同位素有 $_8^{16}O$、$_8^{17}O$、$_8^{18}O$，碳元素的同位素有 $_6^{12}C$、$_6^{13}C$、$_6^{14}C$，铀元素的同位素有 $_{92}^{234}U$、$_{92}^{235}U$、$_{92}^{238}U$ 等。许多同位素在日常生活、工农业生产和科学研究中具有很重要的用途，例如，$_1^2H$、$_1^3H$ 是制造氢弹的材料，$_{92}^{235}U$ 元素是制造原子弹的材料和核反应的燃料，$_6^{12}C$ 是将其质量当作原子量标准的那种碳原子。放射性同位素可用来给金属制品探伤，在医疗方面，可以利用某些同位素放射出的射线治疗肿瘤等。

同一元素的各种同位素虽然质量数不同，物理性质有差异，但其化学性质几乎完全相同。在天然存在的元素里，不论是游离态还是化合态，各种同位素原子所占的百分比一般是不变的。平常所说的某种元素的原子量，是按各种天然同位素原子所占的一定百分比算出来的平均值。

三、原子核外电子的排布

电子在原子核外很小空间内作高速运动，其运动规律跟一般物体不同，电子在核外的运动，没有确定的轨道，无法同时准确地测出电子在某一瞬间的位置和速度，也不能描绘出它们的运动轨道。只能用统计的方法描述它在核外空间某区域出现机会的多少（数学上称为概率）。

为了便于理解，可用假想给氢原子照相的比喻来说明。氢原子核外仅有一个电子，为了在一瞬间找到电子在氢原子核外的确定位置，我们设想有一架特殊的照相机，可以用它来给氢原子照相，记录下氢原子核外电子在不同瞬间所处的位置。先给某个氢原子拍五次瞬间照片，得到如图 1-1 所示的不同图像。图上 ⊕ 表示氢原子核，小黑点表示电子。然后继续给氢原子拍照，拍上千万张，并将这些照片进行对比研究，这样，就获得一个印象：电子好像是在氢原子核外作毫无规律的运动，一会儿在这里出现，一会儿在那里出现。如果将这些照片叠印，就会看到如图 1-2 所示的图像。图像说明，对氢原子的照片叠印张数越多，就越能使人形成一团"电子云雾"笼罩原子核的印象，这种图像被形象地称为"电子云"。电子云图像中，小黑点较密集的地方表示电子在该空间单位体积内出现的概率大，小黑点较稀疏的地方表示电子在该空间单位体积内出现的概率小。图 1-2(d) 就是在通常状况下氢原子电子云的示意图，从图中可见，氢原子核外的电子云呈球形对称，在离核越近处单位体积的空间中电子出现的机会越多，在离核越远处单位体积的空间中电子出现的机会越少。

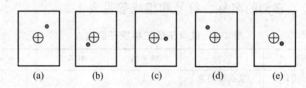

图 1-1　氢原子的五次瞬间照相

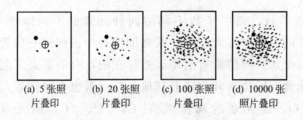

(a) 5 张照片叠印　　(b) 20 张照片叠印　　(c) 100 张照片叠印　　(d) 10000 张照片叠印

图 1-2　若干张氢原子瞬间照相叠印的结果

必须明确，电子云中的许许多多小黑点绝不表明核外有许许多多的电子，它只是形象表明氢原子仅有的一个电子在核外空间出现的统计情况。

在氢原子中只有一个电子，所以，氢原子中电子运动的情况是比较简单的。随着原子核电荷数的增加，核外电子数目也增加。那么，在含有多个电子的原子中，这些电子在核外是怎样排布的呢？近代原子结构理论认为，在含有多个电子的原子中，电子的能量并不相同，能量低的，在离核近的区域运动；能量高的，在离核远的区域运动。根据这种差别，可以把核外电子运动的不同区域看成不同的电子层，把能量最低、离核最近的叫第一层（$n=1$），能量稍高、离核稍远的叫第二层（$n=2$），由里向外依此类推，分别叫第三层（$n=3$）、第四层（$n=4$）、第五层（$n=5$）、第六层（$n=6$）、第七层（$n=7$）。也可依此用光谱符号 K、L、M、N、O、P、Q 等符号来表示。这样，电子就可以看成是在能量不同的电子层上运动。目前已知最复杂的原子，其电子层不超过七层。n 值越大，说明电子离核越远，其能量也就越高。

核外电子的分层运动，又叫核外电子的分层排布。科学研究证明，电子一般总是尽先排布在能量最低的电子层里,即最先排布在 K 层,当 K 层排满后,再排布 L 层,依此类推。下面将核电荷数从 1~18 的元素原子和 6 个稀有气体元素原子的电子层排布情况列入表 1-3 和表 1-4 中。

表 1-3　核电荷数为 1~18 的元素原子的电子层排布

核电荷数	元素名称	元素符号	各电子层电子数			
			K	L	M	N
1	氢	H	1			
2	氦	He	2			
3	锂	Li	2	1		
4	铍	Be	2	2		
5	硼	B	2	3		
6	碳	C	2	4		
7	氮	N	2	5		
8	氧	O	2	6		
9	氟	F	2	7		
10	氖	Ne	2	8		
11	钠	Na	2	8	1	
12	镁	Mg	2	8	2	
13	铝	Al	2	8	3	
14	硅	Si	2	8	4	
15	磷	P	2	8	5	
16	硫	S	2	8	6	
17	氯	Cl	2	8	7	
18	氩	Ar	2	8	8	

表 1-4　稀有气体元素原子的电子层排布

核电荷数	元素名称	元素符号	各电子层电子数					
			K	L	M	N	O	P
2	氦	He	2					
10	氖	Ne	2	8				
18	氩	Ar	2	8	8			
36	氪	Kr	2	8	18	8		
54	氙	Xe	2	8	18	18	8	
86	氡	Rn	2	8	18	32	18	8

从表 1-3、表 1-4 可见,核外电子分层排布是有一定规律的。

首先,各电子层最多容纳的电子数目是 $2n^2$。即 K 层 ($n=1$) 为 $2\times 1^2=2$ 个;L 层 ($n=2$) 为 $2\times 2^2=8$ 个;M 层 ($n=3$) 为 $2\times 3^2=18$ 个;N 层 ($n=4$) 为 $2\times 4^2=32$ 个等。

其次,最外层电子数目不超过 8 个 (K 层为最外层时不超过 2 个)。

第三,次外层电子数目不超过 18 个,倒数第三层电子数目不超过 32 个。

以上几点是互相联系的,不能独立地理解。例如,当 M 层不是最外层时,最多可以排布 18 个电子,而当它是最外层时,则最多可以排布 8 个电子。又如,当 O 层为次外层时,就不是最多排布 $2\times 5^2=50$ 个电子,而是最多排布 18 个电子。

知道原子的核电荷数和电子层排布以后,可以画出原子结构示意图。例如,图 1-3 是钠元素和氯元素原子结构

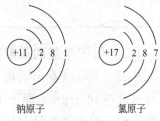

钠原子　　氯原子
图 1-3　钠和氯元素
原子结构示意图

示意图，弧线表示电子层，弧线上面的数字表示该层的电子数。

第二节 元素周期律 元素周期表

一、元素周期律

为了认识元素之间的相互联系和内在规律，人们把核电荷数1～18的元素原子的核外电子排布、原子半径和一些化合价列成表（表1-5）来加以讨论。为了方便，按核电荷数由小到大的顺序给元素编号，这种序号，叫做该元素的原子序数。显然，原子序数在数值上与这种原子的核电荷数相等。表1-5就是按原子序数的顺序编排的。

（一）原子核外电子排布的周期性变化

从表1-5可以看出，原子序数从1～2的元素，即从氢到氦，有一个电子层，电子由1个增到2个，达到稳定结构。原子序数从3～10的元素，即从锂到氖，有两个电子层，最外层电子从1个递增到8个，Ne原子达到了稳定结构。原子序数从11～18的元素，即从钠到氩，有三个电子层，最外层电子也从1个递增到8个，Ar原子达到稳定结构。如果对18号以后的元素继续排列下去，同样可以发现，每隔一定数目的元素，会重复出现原子最外层电子数从1个递增到8个的情况。也就是说，随着原子序数的递增，元素原子的最外层电子排布呈周期性的变化。

表1-5 元素性质随着核外电子周期性的排布而呈周期性的变化

原子序数	1	2	3	4	5	6	7	8	9
元素名称	氢	氦	锂	铍	硼	碳	氮	氧	氟
元素符号	H	He	Li	Be	B	C	N	O	F
电子层结构	1	2	2,1	2,2	2,3	2,4	2,5	2,6	2,7
原子半径/pm	37	122	152	89	82	77	75	74	71
化合价	+1	0	+1	+2	+3	+4,−4	+5,−3	−2	−1
原子序数	10	11	12	13	14	15	16	17	18
元素名称	氖	钠	镁	铝	硅	磷	硫	氯	氩
元素符号	Ne	Na	Mg	Al	Si	P	S	Cl	Ar
电子层结构	2,8	2,8,1	2,8,2	2,8,3	2,8,4	2,8,5	2,8,6	2,8,7	2,8,8
原子半径/pm	160	186	160	143	117	110	102	99	191
化合价	0	+1	+2	+3	+4,−4	+5,−3	+6,−2	+7,−1	0

（二）原子半径的周期性变化

从表1-5可以看出，由碱金属Li到卤素F，随着原子序数的递增，原子半径由152pm递减到71pm，即原子半径由大逐渐变小。再由碱金属Na到卤素Cl，随着原子序数递增，原子半径又是从大（186pm）逐渐变小（99pm）。如果把所有的元素按原子序数递增的顺序排列起来，将会发现，随着原子序数的递增，元素的原子半径发生周期性的变化。

（三）元素主要化合价的周期性变化

从表 1-5 可以看到，从原子序数为 11 到 18 的元素在极大程度上重复着从 3 到 10 的元素所表现的化合价变化，即正价从 +1 (Na) 逐渐递变到 +7 (Cl)，以稀有气体元素零价结束。从中部的元素开始有负价，负价从 -4 (Si) 递变到 -1 (Cl)。如果研究 18 号元素以后元素的化合价，同样可以看到与前面 18 种元素相似的变化。也就是说，元素的化合价随着原子序数的递增呈现周期性的变化。

总结上述各点，得出如下结论：元素性质随着元素原子序数的递增而呈周期性的变化。这个规律叫做元素周期律。这一规律是俄国化学家门捷列夫发现的。由于元素周期律的发现，使人们认识了自然界中化学元素之间的内在联系和性质变化的规律。

二、元素周期表

根据元素周期律，把现在已知的一百多种元素中电子层数目相同的元素，按原子序数递增的顺序从左到右排成横行，再把不同横行中最外层的电子数相同的元素按电子层数递增的顺序由上而下排列成纵行，这样得到的表叫做元素周期表。元素周期表实际上就是周期律的具体表现形式，它不仅反映了元素之间相互联系的规律，同时，为进一步学习和研究化学元素打下基础。

元素周期表的形式有好几种，其中最常用的是长式周期表（见元素周期表）。在元素周期表里，每种元素一般都占一格，在每一格里，均标有元素符号、元素名称、原子序数和原子量等。下面介绍周期表的有关知识。

（一）元素周期表的结构

1. 周期

具有相同电子层数，并按照原子序数递增的顺序排列的一系列元素称为一个周期。元素周期表中有 7 个横行，每个横行是一个周期，共 7 个周期。周期的序号就是该周期元素原子具有的电子层数。例如，第一周期的元素氢和氦都只有一个电子层，第二周期的元素从锂到氖都有两个电子层。

各周期元素的数目并不相同，第一周期只有 2 种元素，第二周期、第三周期各有 8 种元素。第四周期、第五周期各有 18 种元素，第六周期、第七周期有 32 种元素。

除第一周期外，同一周期中，从左到右，各元素原子最外层的电子数都是从 1 个逐渐增加到 8 个。第二周期至第六周期的元素都是从活泼的金属元素——碱金属开始，逐渐过渡到活泼的非金属元素——卤素，最后以稀有气体元素结束。

第六周期中从 57 号元素镧 La 到 71 号元素镥 Lu，这 15 种元素的性质非常相似，称为镧系元素。为了使周期表的结构紧凑，将它们放在周期表的同一格里，并按原子序数递增的顺序，单独列在表的下方。第七周期中从 89 号元素锕 Ac 到 103 号元素铹 Lr，这 15 种元素的性质也非常相似，称为锕系元素。同样放在周期表的同一格里，单独列在表的下方。锕系元素中铀 (U) 后面的元素多数是人工进行核反应制得的元素，叫做超铀元素。

2. 族

对于族的划分，存在两种惯例。一种是将族划分为A族和B族。元素周期表中有18个纵行，除第8、9、10三个纵行合并成为一个族外，其余15个纵行，每个纵行称为1族。A族也称为主族，分别用ⅠA、ⅡA……表示，共有8个A族（见书后元素周期表）。主族元素的族序号就是该族元素原子的最外层电子数（除第ⅧA族外），也是该族元素的最高化合价。第ⅧA族是稀有气体元素，化学性质非常不活泼，在通常情况下不发生化学变化，其化合价为零。B族也称为副族，分别用ⅠB、ⅡB……表示，共有8个B族。副族元素又叫过渡元素。这种族的划分是国内常用的分族法，其缺点是将周期表中的A族分割成两块，缺乏完整性。另一种划分是，1988年国际纯粹与应用化学联合会（IUPAC）建议分为18个族，不分A、B族，这样可以将外层电子排布的特征与族号紧密地联系起来。

（二）周期表中主族元素性质的递变规律

在元素周期律和元素周期表的基础上，下面主要讨论主族元素性质在元素周期表中的递变规律。

1. 主族元素的金属性和非金属性的递变

元素的金属性通常指它的原子失去电子的能力。元素的非金属性通常是指它的原子获得电子的能力。原子的最外层电子数越少，电子层数越多，原子半径越大，原子越易失去电子，元素的金属性越强；原子的最外层电子数越多，电子层数越少，原子半径越小，原子越易得到电子，元素的非金属性越强。

还可以从元素的单质跟水或酸起反应置换出氢的难易，元素最高价氧化物的水化物（氧化物间接或直接跟水生成的化合物）——氢氧化物的碱性强弱，来判断元素金属性的强弱；从元素氧化物的水化物的酸性强弱，或从跟氢气生成气态氢化物的难易，来判断元素非金属性的强弱。原子序数为3～18的元素及其化合物性质递变规律见表1-6。

表1-6 原子序数为3～18的元素及其化合物性质递变规律

原子序数	3	4	5	6	7	8	9	10
元素名称（符号）	锂(Li)	铍(Be)	硼(B)	碳(C)	氮(N)	氧(O)	氟(F)	氖(Ne)
最外层电子数	1	2	3	4	5	6	7	8
电子层数	2	2	2	2	2	2	2	2
金属性和非金属性	活泼金属	金属	非金属	非金属	非金属	活泼非金属	最活泼非金属	稀有气体
最高价氧化物的水化物	LiOH	$B(OH)_2$	H_3BO_3	H_2CO_3	HNO_3			
水化物的酸碱性	强碱性	弱碱性	弱酸性	弱酸性	强酸性			
气态氢化物分子式				CH_4	NH_3	H_2O	HF	

续表

原子序数	11	12	13	14	15	16	17	18
元素名称（符号）	钠(Na)	镁(Mg)	铝(Al)	硅(Si)	磷(P)	硫(S)	氯(Cl)	氩(Ar)
最外层电子数	1	2	3	4	5	6	7	8
电子层数	3	3	3	3	3	3	3	3
金属性和非金属性	活泼金属	活泼金属	两性元素	非金属	非金属	较活泼非金属	活泼非金属	稀有气体
最高价氧化物的水化物	NaOH	Mg(OH)$_2$	Al(OH)$_3$	H$_2$SiO$_3$	H$_3$PO$_4$	H$_2$SO$_4$	HClO$_4$	
水化物的酸碱性	强碱性	碱性	两性	弱酸性	酸性	强酸性	最强酸性	
气态氢化物分子式				SiH$_4$	PH$_3$	H$_2$S	HCl	

从表 1-6 可见，在同一周期中，各元素的原子核外电子层数虽然相同，但从左到右，核电荷数依次增多，原子半径逐渐减小，原子失去电子的能力逐渐减弱，得到电子的能力逐渐增强，因此从左至右元素的金属性逐渐减弱，而非金属性逐渐增强。这可以从第三周期元素性质递变中得到证明。

同一主族中，从上到下电子层数逐渐增多，原子半径逐渐增大，失电子能力逐渐增强，得电子能力逐渐减弱。所以同一主族从上到下各元素的金属性逐渐增强，非金属性逐渐减弱。这可以从碱金属和卤素元素性质递变中得到证明。

综上所述，可将主族元素的金属性和非金属性的变化规律概括于表 1-7 中。如果沿着周期表中硼、硅、砷、碲、砹跟铝、锗、锑、钋之间画一条折线（分界线，见表 1-7），折线的左面是金属元素，右面是非金属元素。左下方是金属性最强的元素，右上方是非金属性最强的元素。由于元素的金属性和非金属性没有严格的界线，位于折线附近的元素，既表现出某些金属性质，又表现出某些非金属性质。

表 1-7 主族元素金属性和非金属性的递变

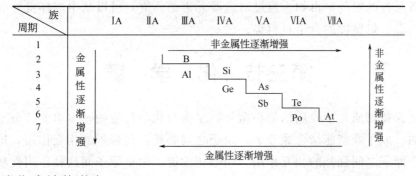

2. 元素化合价的递变

元素的化合价与原子的电子层结构有密切关系，特别是与最外层电子数目有关，有些元素的化合价还与它们原子的次外层或倒数第三层的部分电子有关。一般把能够决定化合价的电子即参加化学反应的电子称为价电子。主族元素原子的最外层电子都是价电子。在周期表中，由于主族元素的最外层电子数，即价电子数与主族的族序数相同，因此，主族元素的最高正化合价等于它所在族的序数（除 O、F 外）。非金属元素的最高正化合价和它的负化合价绝对值的代数和等于 8。例如氮元素处于ⅤA 族，该元素原子的最外层电子数为 5，价电子数也是 5，氮元素的最高正化合价是 5，它的负化合价是 −3。

3. 元素周期表的应用

元素周期律是自然界最基本的规律之一，它把上百种元素做了最科学的分类，把有关元素的知识系统化；它深刻阐明了各元素之间内在联系以及元素性质周期性变化的本质。历史上，为了寻求各种元素及其化合物间的内在联系和规律性，许多人进行了各种尝试。1869 年，俄国化学家门捷列夫在前人探索的基础上，总结出元素性质随着元素的原子量的递增而呈周期性变化的元素周期律，并编制出第一张元素周期表（当时只发现 63 种元素），它是元素周期律和周期表的最初形式。这个规律为后人研究化学元素的性质和物质结构理论的发展起到了巨大的指导作用。

运用元素周期律和元素在周期表中的位置及相邻元素的性质关系，可以推断元素的一般性质，预言和发现新元素，寻找和制造新物质等。例如，在门捷列夫编制周期表的时候，当时还有许多元素没有发现，他根据元素周期律，在表里留出了好些空格，并根据空格周围元素的性质，预言了几种未知元素（如原子序数为 21、31 和 32 的元素）的性质，以后这些元素陆续被发现了，根据实验测得的这些元素的性质与门捷列夫所预言的非常相似。

根据半导体材料，如锗（Ge）、硅（Si）、硒（Se）等的特性，可在元素周期表中金属和非金属分界线附近寻找半导体材料。特别是用砷（As）和镓（Ga）合成的化合物，其优点超过了 Ge 和 Si，它使普通半导体的应用范围扩大到更高的温度和更高的频率。

元素周期表对工农业生产具有一定的指导作用。因为周期表中位置靠近的元素性质相近，这样为人们寻找新物质提供了一定的线索。例如农药中常含有氟、氯、硫、磷、砷等元素，这些元素都位于周期表的右上角。对这个区域的元素的化合物进行研究，有助于制造新品种的农药。再如，通过对过渡元素的研究，可以从中选择良好的催化剂材料以及耐高温、耐腐蚀的合金材料等。

第三节 化 学 键

分子是保持物质化学性质的最小微粒，是参与化学反应的基本单元。分子是由原子结合而成的。原子既然能结合成分子，原子之间必然存在强烈的相互作用，这种相邻的两个或多个原子之间强烈的相互作用，叫做化学键。根据原子间这种作用性质不同，化学键可分为离子键、共价键和金属键三种基本类型。

一、离子键

下面以氯化钠为例说明离子键的形成。

金属钠在氯气中燃烧生成氯化钠的反应如下:

$$2Na + Cl_2 \xrightarrow{燃烧} 2NaCl$$

钠原子属于活泼的金属原子,最外层只有 1 个电子,容易失去,氯原子属于活泼的非金属原子,最外层有 7 个电子,容易得到 1 个电子,从而使最外层都达到 8 个电子的稳定结构。当钠与氯气反应时,钠原子的最外电子层的 1 个电子转移到氯原子的最外电子层上,这时形成了带正电荷的钠离子(Na^+)和带负电荷的氯离子(Cl^-),钠离子和氯离子之间依靠静电吸引力而相互靠近。随着两种离子的逐渐接近,两者之间的电子和电子、原子核和原子核的相互排斥作用也逐渐增强,当两种离子接近至一定距离时,吸引和排斥作用达到平衡,于是阴、阳离子都在一定的平衡位置上振动,形成了稳定的化学键。像氯化钠这样,凡由阴、阳离子间通过静电作用所形成的化学键叫做离子键。

也可以用电子式来表示物质形成的过程。例如,氯化钠的形成过程用电子式表示如下:

$$Na^{\times} + \cdot \ddot{\underset{\cdot\cdot}{Cl}}: \longrightarrow Na^+[:\overset{\cdot\cdot}{\underset{\cdot\cdot}{Cl}}:]^-$$

活泼金属(如钾、钠、钙)和活泼非金属(如氯、溴、氧等)反应生成化合物时,都形成离子键。例如,溴化镁和氧化钙都是由离子键结合成的。

$$:\overset{\cdot\cdot}{\underset{\cdot\cdot}{Br}}\cdot + {}^{\times}Mg^{\times} + \cdot\overset{\cdot\cdot}{\underset{\cdot\cdot}{Br}}: \longrightarrow [:\overset{\cdot\cdot}{\underset{\cdot\cdot}{Br}}:]^- Mg^{2+} [:\overset{\cdot\cdot}{\underset{\cdot\cdot}{Br}}:]^-$$

$$^{\times}Ca^{\times} + \cdot\overset{\cdot\cdot}{\underset{\cdot\cdot}{O}}\cdot \longrightarrow Ca^{2+}[:\overset{\cdot\cdot}{\underset{\cdot\cdot}{O}}:]^{2-}$$

以离子键相结合的化合物称为离子化合物。绝大多数的盐、碱和金属氧化物都是离子化合物。在离子化合物中离子具有的电荷,就是该元素的化合价。离子化合物在通常情况下,都能形成晶体。

二、共价键

(一) 共价键

原子间通过共用电子对所形成的化学键,叫做共价键。

可以氢分子为例来说明共价键的形成。在通常状况下,当一个氢原子和另一个氢原子接近时,就相互作用而生成氢分子。

$$H + H \longrightarrow H_2$$

在形成氢分子的过程中,由于两个氢原子吸引电子的能力相等,所以电子不是从一个氢原子转移到另一个氢原子上,而是在两个氢原子间共用两个电子,形成共用电子对。这两个共用的电子在两个原子核周围运动。因此,在氢分子中每个氢原子都好像具有类似氦原子的稳定结构。氢分子的生成可以用电子式表示如下:

$$H\cdot + {}^{\times}H \longrightarrow H{:}H$$

在化学上常用一根短线来表示一对共用电子对,因此氢分子又可表示为 H—H,这种表示形式称为氢分子的构造式。

所有化学键都是共价键的化合物称为共价化合物。非金属元素的原子之间都是以共价键相结合的。下列分子均由共价键结合而成。

分子式	电子式	结构式
Cl_2	:C̈l:C̈l:	Cl—Cl
HCl	H:C̈l:	H—Cl
H_2O	H:Ö:H	O H H
N_2	:N⋮⋮N:	N≡N
CO_2	Ö::C::Ö	O=C=O

Cl_2、HCl、H_2O 分子内原子间只有一对共用电子对，称为单键；CO_2 分子内的碳、氧原子间有两对共用电子对，则是双键，碳原子形成两个双键；N_2 分子内有三对共用电子对，形成三键。

共价键可分为极性共价键（极性键）和非极性共价键（非极性键）。在同种原子所形成的共价键中，两个原子吸引电子的能力完全相同，共用电子对不偏向任何一方，因此成键原子不显电性。这样的共价键叫做非极性共价键，简称非极性键。例如，H—H 键、Cl—Cl 键都是非极性键。

在不同种原子所形成的共价键中，共用电子对偏向于吸引电子能力强的原子一方，这种原子带部分负电荷，而吸引电子能力较弱的原子就带部分正电荷，这样的共价键叫做极性共价键，简称极性键。例如，H—Cl 键、H—O 键都是非极性键。

（二）分子的极性

在氢分子里，两个氢原子是以非极性键结合的，共用电子对不偏向于任何一个原子，从整个分子看，分子里电荷分布是对称的，这样的分子叫做非极性分子。以非极性键结合而成的分子都是非极性分子，如 H_2、O_2、Cl_2、N_2 等。

以极性键结合的双原子分子，如在 HCl 分子里，Cl 原子和 H 原子是以极性键结合的，共用电子对偏向于 Cl 原子，因此 Cl 原子一端带有部分负电荷，氢原子一端带有部分正电荷，整个分子的电荷分布是不对称的，这样的分子叫做极性分子。以极性键结合的双原子分子都是极性分子。

以极性键结合的多原子分子，可能是极性分子，也可能是非极性分子，这取决于分子的组成和分子中各键的空间排列。

例如，二氧化碳是直线型分子（见图 1-4），两个氧原子对称地分布在碳原子的两侧。在 CO_2 分子中，氧原子吸引电子能力大于碳原子，共用电子对偏向于氧原子一方，氧原子带部分负电荷，因此，C=O 键是极性键。但从 CO_2 分子总体来看，两个 C=O 键是对称排列的，其极性互相抵消，整个分子没有极性。所以，二氧化碳是非极性分子。

水分子不是直线型的，而是属于"V"结构（见图 1-4），两个 O—H 键之间的键角约为 $104°30′$，其中 O—H 键是极性键。从水分子整体来看两个 O—H 键不是对称排列的，其极性不能相互抵消，所以水分子是极性分子。

四氯化碳分子中，四个 C—Cl 键都是极性键，但碳原子位于正四面体的中心（见图 1-4），四个氯原子位于四个顶点（C—Cl 键的夹角是 $109°28′$），对称地排列在碳原子的周围，故 CCl_4 是非极性分子。

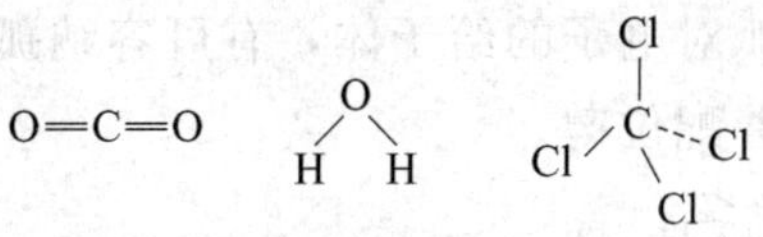

$$O=C=O \qquad \underset{H\ \ H}{O} \qquad \underset{Cl}{\overset{Cl}{Cl-C-Cl}}$$

CO_2分子　　　H_2O分子　　　CCl_4分子

图 1-4　多原子分子的极性

总之，多原子分子是否具有极性，由分子的组成和分子中各键的空间排列所决定。

三、金属键

金属元素原子结构的特点是最外层的电子数较少，一般为 1～3 个（少数例外），电子与原子核的联系比较松散，故金属容易失去电子。所以，金属内部实际上交替排列着金属原子和金属阳离子，两者之间又存在着从金属原子上脱落下来的自由移动的电子——自由电子，见图 1-5。正是由于这些自由电子的运动将金属中的原子、离子联结在一起。像这种通过运动的自由电子使金属原子和金属阳离子相互联结在一起的键，叫做金属键。金属键是化学键的一种，它与共价键不同，因为它不能形成共用电子对；它与离子键也不相同，因为金属键中的金属阳离子不被周围异性离子所包围，自由电子不专属于某几个特定的金属离子，而是为许多金属离子所共有，它们

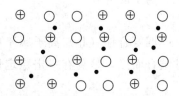

图 1-5　金属结构的示意图
○ 表示中性原子；
⊕ 表示金属阳离子；
· 表示自由电子

几乎均匀分布在整个金属结构内部。必须注意的是，由于自由电子没有完全离开金属，从整体来说，金属还是电中性的。

通过金属键形成的晶体，叫做金属晶体。

金属在形成晶体时，都倾向于组成紧密坚实的结构，而使每个原子周围拥有尽可能多的相邻原子或离子，并且以有规则的集合图形堆积着。在金属晶体中，由于有自由电子的存在和紧密堆积的结构，使金属具有金属光泽、导电、导热等共同的性质。

*四、配位键和配位化学物

1. 配位键

由一个原子单独提供电子对与另一个原子形成的共价键，叫做配位共价键，简称配位键。如氨与酸反应生产铵盐：

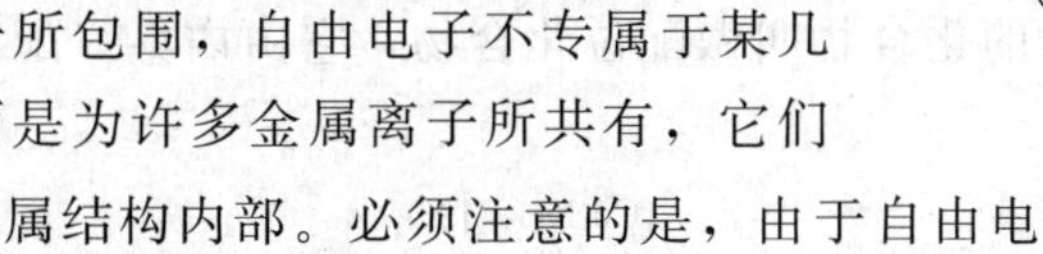

$$\underset{H}{\overset{H}{H:\overset{..}{N}:}}+H^+ \longrightarrow \left[\underset{H}{\overset{H}{H:\overset{..}{N}:H}}\right]^+ \left(\text{即}\left[\underset{H}{\overset{H}{H-N\rightarrow H}}\right]^+\right)$$

氨的 N 原子中，有一对孤对电子（未和其他原子共用的电子对），H^+ 有一个空轨道，当 NH_3 和 H^+ 接近时，N 的孤对电子进入 H^+ 的空轨道成为共用电子对，形成配位键。其中，N 原子是电子给予体（电子对提供者），H^+ 是电子接受体（电子对接受者）。在结构式中，配位键用箭头表示，以"给予体→接受体"示意（上例中的 N→H 部分）。

形成配位键的条件：有孤对电子的给予体，有可容纳孤对电子空轨道的接受体。

许多分子或离子中存在着配位键。

2. 配位化合物结构和命名

如果在天蓝色的 $CuSO_4$ 溶液里加入少量 NaOH 溶液，会生成蓝色 $Cu(OH)_2$ 沉淀。

如果向 $CuSO_4$ 溶液滴加浓氨水，首先出现的是浅蓝色 $[Cu_2(OH)_2]SO_4$（碱式硫酸铜）沉淀，继续加氨水，沉淀溶解而获得深蓝色溶液。再加少量 NaOH 溶液时，却无 $Cu(OH)_2$ 沉淀产生。这是因为 $CuSO_4$ 溶液与过量氨水发生了下列反应，使溶液里的 Cu^{2+} 大大减少。

$$CuSO_4 + 4NH_3 \longrightarrow [Cu(NH_3)_4]SO_4$$

离子反应式

$$Cu^{2+} + 4NH_3 \longrightarrow [Cu(NH_3)_4]^{2+}$$

四氨合铜（Ⅱ）离子属于配位离子。它由中心离子 Cu^{2+} 与配位体（NH_3）以配位键结合而成，是具有一定稳定性的复杂离子。

$$\left[\begin{array}{c} NH_3 \\ H_3N \rightarrow Cu \leftarrow NH_3 \\ NH_3 \end{array} \right]^{2+}$$

通常把含有配离子的化合物叫做配位化合物，它由内界（配离子）和外界（一般离子）两部分组成，如

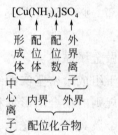

常见的阳离子如 Fe^{3+}、Fe^{2+}、Cu^{2+}、Ag^+、Pt^{3+}、Pt^{2+} 等过渡金属离子是较强的形成体；配位体可以是分子，如 NH_3、H_2O 等，也可以是阴离子，如 CN^-、F^-、Cl^- 等；配位数是直接与中心离子结合的配位体数目，最常见的配位数是 6 和 4。

配位化合物的命名比一般化合物复杂之处在于配离子（内界）。内界的命名次序是：配位体-中心离子，在二者名称之间加上一个"合"字。配位体命名时，一般是先阴离子后中心分子。阴离子的命名次序：简单离子—复杂离子—酸根离子。中心分子的命名次序：水—氨—有机分子。在每种配位体前用中文数字表示其数目，当中心离子有可变价时，在其后用罗马数字表明价数，并用括号括起来。例如：

$[Ag(NH_3)_2]Cl$　　　氯化二氨合银

$K_2[HgI_4]$　　　四碘合汞（Ⅱ）酸钾

$K_3[Fe(CN)_6]$　　　六氰合铁（Ⅲ）酸钾

$[Co(NH_3)_3Cl_3]$　　　三氯三氨合钴（Ⅲ）

$Fe(CO)_5$　　　五羰基合铁

3. 配位化合物的应用

当配位化合物在溶液里形成时，常伴有颜色、溶解度、pH 值、电极电势等的改变。这些特性被广泛地应用于科研和工农业生产中。例如，机电工业生产中，应用配位化合物进行光刻腐蚀、化学清洗、防腐涂覆、电镀、环境保护、金属提纯以及电子鉴定等。

氰化物是一种极毒的物质，其在水中的含量达到 $0.04 \sim 0.1 \text{mg/L}$ 时，即可使鱼类等生物死亡，因此，含氰工业废水要求经过处理，使氰化物的含量低于 0.05mg/L 才能排放。在 pH 值 $7.5 \sim 10.5$ 的范围内，可以用硫酸亚铁溶液处理，使氰化物转化为无毒的铁氰配合物。

$$Fe^{2+} + 6CN^- \longrightarrow [Fe(CN)_6]^{4-}$$

某些难溶于水的化合物可以与配合剂形成比较稳定的配离子而溶于水中。例如，AgBr 能溶于 $Na_2S_2O_3$：

$$AgBr + 2S_2O_3^{2-} \longrightarrow [Ag(S_2O_3)_2]^{3-} + Br^-$$

在照相技术中，用硫代硫酸钠作定影剂以洗去胶片上多余的溴化银就是应用这个反应。

在电镀工艺中，通常不能用简单盐溶液而是常用含有配位剂的电镀液，以控制镀层金属离子的浓度。因为配合物溶液中，简单金属离子的浓度低，金属在镀件上析出的速度慢，从而可以得到光滑、致密牢固的镀层。

硫氰酸盐和氨水分别可以用来鉴定 Fe^{3+} 和 Cu^{2+}，它们分别是鉴定 Fe^{3+} 和 Cu^{2+} 的特效试剂。

$$Fe^{3+} + 6SCN^- \longrightarrow [Fe(NCS)_6]^{3-}$$
淡黄色　　　　　　血红色

$$Cu^{2+} + 4NH_3 \longrightarrow [Cu(NH_3)_4]^{2+}$$
蓝色　　　　　　深蓝色

本章小结

一、原子的构成　同位素

1. 原子的构成

原子由原子核和核外电子构成。

核电荷数＝质子数＝核外电子数

质量数（A）＝质子数（Z）＋中子数（N）

2. 同位素

具有相同质子数和不同中子数的同一种元素的不同原子互称为同位素。两同：同质子数、同元素。两不同：不同中子数、不同原子。

3. 核外电子的排布

（1）原子核外电子是分层排布的。

（2）原子核外电子排布遵循一定的规律。各电子层最多容纳的电子数目是 $2n^2$ 个。

最外层电子数目不超过 8 个；次外层电子数目不超过 18 个；倒数第三层电子数目不超过 32 个。

核外电子总是从能量低的电子层逐步排布到能量高的电子层。

二、元素周期律和元素周期表

1. 元素周期律

（1）元素的性质随着原子序数（核电荷数）的递增而呈周期性的变化，这个规律叫做元素周期律。

（2）原子核外电子排布、原子半径、元素的主要化合价、元素的金属性，非金属性及最高价氧化物对应水化物的酸碱性等都随着原子序数的递增而呈现周期性的变化。

2. 元素周期表

（1）元素周期表结构

元素周期表中包括 7 个周期、16 个族（18 个纵行）和 2 个系（镧系和锕系）。周期表中共有 8 个主族，8 个副族。元素在周期中的位置可以由原子序数确定，也可以由所在的周期和族两者同时确定。

（2）元素性质的递变规律

同一周期的主族元素从左至右元素的金属性逐渐减弱，而非金属性逐渐增强。

同一主族从上到下各元素的金属性逐渐增强，非金属性逐渐减弱。

（3）主族元素的化合价

最高正化合价＝原子最外层电子数＝原子所在族的序数

｜负化合价数｜＝8－主族数

三、化学键

相邻的两个或多个原子之间强烈的相互作用，叫做化学键。

1. 离子键

离子键是由阴、阳离子通过静电作用所形成的化学键。活泼金属原子容易失去电子，形成阳离子；活泼非金属原子容易得到电子形成阴离子。阴、阳离子互相吸引和排斥，达到平衡后形成稳定的离子键。绝大多数盐、碱和金属氧化物是离子化合物。

2. 共价键

共价键是原子间通过共用电子对所形成的化学键。根据共用电子对是否偏移，共价键又可分为极性共价键和非极性共价键。通常非金属的氧化物、含氧酸及气态氢化物等属于共价化合物。

3. 金属键

通过运动的自由电子，使金属原子和金属阳离子相互联结在一起的键。

*四、配位键

配位键是共价键的特殊形式，共用电子对是由一个原子单方面提供的。含有配离子的化合物称为配位化合物。

阅读材料

放射性同位素应用

同位素可以分为稳定同位素和不稳定同位素两类。不稳定同位素是指放射性同位素，它们的原子核不稳定，能自发产生对物质具有穿透能力的α射线、β射线、γ射线或中子射线。放射性元素及放射性同位素的应用业已遍及医学、工业、农业和科学研究等各个领域。在很多应用场合，放射性同位素至今尚无代用品。放射性同位素几乎已在全球所有国家使用。其中有50个国家拥有进行同位素生产或分离的设施。其中一些国家的同位素生产部门已成为经济活动中一个相当重要的组成部分。

1. **放射性同位素在工业上的应用**

放射性同位素放出的射线作为一种信息源可取得工业过程中的非电参数和其他信息。根据这一原理制作的各种同位素监控仪表，如密度计、测厚仪、核子秤、水分计、γ射线探伤机、集装箱检测和离子感烟火灾报警器等可用来监控生产流程，实现无损检测、成分分析以及探知火情等。化工生产中利用放射性同位素放出的射线来促使小分子合成大分子，生产高分子产品（辐射聚合）。在环境污染监测上，近年来同位素的应用日趋增加。同位素在测定从工厂排放出来的CO_2和调查温室（效应）气体的途径及其被植物同化方面起了重要的作用，从而增加了我们对CO_2带来的环境冲击的了解。放射性同位素的探测灵敏度极高，这是常规的化学分析无法比拟的。利用微量同位素动态追踪物质的运动规律是放射性示踪不可替代的优势。目前，这一技术已广泛用于石油、化工、冶金、水利水文等部门，并取得显著的经济效益。

2. **放射性同位素在农业上的应用**

同位素的辐射育种技术为农业提供了改进质量、增加产量的多种有效手段。辐射诱变已经产生了更能抗病或更能适应地区条件生长的新品种，从而增加了谷物产量，并改进了食品的质量。利用同位素示踪技术，可用于检测并确定植物的最佳肥料吸入量和农药吸入量。基于用γ辐射使昆虫不育（丧失繁衍能力）的昆虫不育技术已成功地用于铲除损害谷物的昆虫种类，而对于人类健康和环境无任何副作用。至于动物生产，同位素常常用于监测和改进牛的健康。对于食品保藏，辐射已成为一种很有效的手段。食品辐照可控制微生物引起的食品腐败和食源性疾病的传播。

3. **放射性同位素在医学上的应用**

在医学上同位素主要用于显像、诊断和治疗，另外还包括医疗用品消毒、药物作用机理研究和生物医学研究。核素显像是利用γ照相机、单光子发射计算机断层（SPECT）或正电子发射断层（PET）来探测给予病人的放射性药物所产生的辐射，从而确定病灶部位。很多器官如肺、甲状腺、肾和脑的γ显像，可用于疾病诊断。采用放射免疫分析方法，在体外对患者体液中生物活性物质进行微量分析，能够快速有效地进行疾病的体外诊断。电离辐射具有杀灭癌细胞的能力。目前，放射治疗是癌症治疗三大有效手段之一，70%以上癌症患者都需要采用放射治疗。

习　题

1. 什么叫做原子序数？它和元素原子的核电荷数、核内质子数、核外电子数存在着怎样的关系？

2. 什么叫做元素周期律？

3. 用原子结构的观点说明，元素周期表中的周期和族是按什么划分的？

4. 元素周期表中共有_____个横行，即_____个周期。第二周期至第六周期均从_____元素开始，以_____元素结束。

5. 同一周期主族元素，从左到右，核电荷数依次_____，原子半径逐渐_____，原子失电子的能力逐渐_____，得电子的能力逐渐_____，金属性逐渐_____，非金属性逐渐_____。

6. 同一主族的主族元素，从上到下电子层数逐渐_____，原子半径逐渐_____，失电子能力逐渐_____，得电子能力逐渐_____，金属性逐渐_____，非金属性逐渐_____。

7. 元素 A 和 B 的原子序数分别为 16 和 19，则 A 在_____周期、_____族；B 在_____周期、_____族；A 元素和 B 元素形成化合物的化学式是_____，它们之间是以_____键结合的。

8. 下列物质中，只有共价键的是_____。

A. NaOH　　B. NaCl　　C. H_2　　D. H_2S

9. 下列物质中含有极性共价键的是_____。

A. I_2　　B. $MgCl_2$　　C. H_2O　　D. KBr

10. 下列含氧酸中酸性最强的是_____。

A. H_2SO_4　　B. $HClO_4$　　C. H_2SiO_3　　D. H_3PO_4

11. 某元素 R 的最高氧化物的化学式为 RO_3，且 R 的气态氢化物中氢的质量分数为 25%，求元素 R 的原子量并写出该元素的名称。

12. 某元素 R 的最高氧化物的化学式为 R_2O_5，气态氢化物中氢的质量分数为 8.82%。R 是什么元素？指出它在周期表中的位置。

第二章
物质的量

学习目标

理解物质的量、摩尔质量、气体摩尔体积、物质的量浓度的概念、单位及计算。掌握根据化学方程式的计算。

第一节 物质的量

一、物质的量及其单位——摩尔

在日常生活、生产和科学研究中人们常常需要使用不同的计量单位。例如，用千米、米等计量长度，用时、分、秒计量时间，用千克、克等计量质量。1974年第14届国际计量大会决定用摩尔作计量原子、分子或离子等微观粒子的"物质的量"的单位。

物质的量的符号为 n，实际上表示含有一定数目粒子的集合。它的单位为摩尔，符号为 mol。摩尔是一系统的物质的量，该系统中所含的基本单元数与 0.012kg ^{12}C 的原子数目相等。基本单元是指物质体系的结构微粒或根据需要指定的特定组合体。基本单元可以是分子、原子、电子、中子及其他粒子，或这些粒子的特定组合。在使用摩尔时，基本单元应予指明。根据摩尔的定义，0.012kg ^{12}C 中所含的碳原子数目就是 1mol，即摩尔这个单位是以 0.012kg ^{12}C 中所含原子的个数为标准，来衡量其他物质中所含基本单元数目的多少。

实验测得，0.012kg ^{12}C 约含 6.02×10^{23} 个 ^{12}C 原子，这个数值称为阿伏加德罗常数，用符号 N_A 表示。即 $N_A=6.02\times10^{23}/\text{mol}$，1mol 任何物质均含有 6.02×10^{23} 个基本单元。

例如：

1mol O 含有 6.02×10^{23} 个氧原子；

1mol O_2 含有 6.02×10^{23} 个氧分子；

1mol OH^- 含有 6.02×10^{23} 个氢氧根离子；

$2×6.02×10^{23}$ 个水分子是 2mol H_2O。

理解物质的量概念时，应当注意以下几个方面：(1) 摩尔是物质的量的单位，不是质量的单位。(2) 使用摩尔这个单位时，必须指明基本单元的名称。例如不能笼统地说 1mol 氧。(3) 1mol 任何物质都含有 N_A 个基本单元，但这些物质的质量都互不相同（摩尔仅适用于微观粒子）。

物质的量（n）与物质的基本单元数目（N）、阿伏加德罗常数（N_A）之间的关系如下：

$$物质的量(n)=\frac{物质的基本单元数目(N)}{阿伏加德罗常数(N_A)}$$

即

$$n=\frac{N}{N_A} \tag{2-1}$$

式（2-1）表明，物质的量与物质的基本单元数成正比，所以要比较几种物质的基本单元数目的多少，一般只要比较它们的物质的量的数值大小即可。

二、摩尔质量

单位物质的量的物质所具有的质量叫做该物质的摩尔质量，用符号 M 表示。

$$M=\frac{m}{n} \tag{2-2}$$

物质的量的单位是 mol，质量（m）的常用单位是 g，摩尔质量的常用单位是 g/mol。基本单元确定后，其摩尔质量就很容易求得。从摩尔定义可知，1mol ^{12}C 原子的质量是 0.012kg（12g），即碳原子的摩尔质量为：$M(C)=12g/mol$。

已知，1 个碳原子和 1 个氧原子的质量之比为 12∶16。1mol 碳原子与 1mol 氧原子所含的原子数目相同，都是 $6.02×10^{23}$ 个。而 1mol 的 ^{12}C 原子的质量为 12g，那么，1mol 氧原子的质量就是 16g。可以推知，任何元素原子的摩尔质量在以 g/mol 为单位时，数值上等于其原子量。例如，氢原子的摩尔质量为 1g/mol，硫原子的摩尔质量为 32g/mol。

同理，可以推出分子、离子或其他基本单元的摩尔质量，即任何物质的摩尔质量在以 g/mol 为单位时，数值上均等于其相对基本单元质量。例如：

氧分子的摩尔质量 $M(O_2)=32g/mol$；
水分子的摩尔质量 $M(H_2O)=18g/mol$；
硫酸分子的摩尔质量 $M(H_2SO_4)=98g/mol$；
氢氧根离子的摩尔质量 $M(OH^-)=17g/mol$。
电子的质量极其微小，失去或得到的电子质量忽略不计。

三、有关物质的量的计算

物质的量（n）、物质的摩尔质量（M）和物质的质量（m）三者之间有如下关系：

$$物质的量=\frac{物质的质量}{摩尔质量}$$

即
$$n = \frac{m}{M} \tag{2-3}$$

可见，通过物质的量，把微观粒子和可称量的宏观物质紧密地联系起来了，这给化学的研究和应用带来了极大的方便。当知道了上述关系式中的任意两个量时，就可以求出另一个量。

【例 2-1】 计算 49g 硫酸的物质的量是多少？并计算含有多少个硫酸分子？

解 硫酸的分子量是 98，其 $M(H_2SO_4)=98g/mol$，根据式（2-3），49g 硫酸的物质的量为：

$$n(H_2SO_4) = \frac{m(H_2SO_4)}{M(H_2SO_4)} = \frac{49g}{98g/mol} = 0.5mol$$

$$N(H_2SO_4) = n(H_2SO_4) \times N_A = 0.5mol \times 6.02 \times 10^{23}/mol$$
$$= 3.01 \times 10^{23} 个$$

答：49g 硫酸的物质的量是 0.5mol；含有硫酸分子的数目是 3.01×10^{23} 个。

【例 2-2】 0.5mol Na_2SO_4 的质量是多少克？

解 Na_2SO_4 的分子量是 142，即

$$M(Na_2SO_4) = 142g/mol$$

根据式（2-3），0.5mol Na_2SO_4 的质量为：

$$m(Na_2SO_4) = n(Na_2SO_4)M(Na_2SO_4)$$
$$= 0.5mol \times 142g/mol = 71g$$

答：0.5mol Na_2SO_4 的质量是 71g。

第二节　气体的摩尔体积

一、气体的摩尔体积

已经知道，1mol 的任何物质都含有相同的基本单元数，那么，1mol 物质的体积是否相同呢？通过本章第一节的学习，已经知道 1mol 物质的质量是多少，如果此时再知道物质的密度，就可以计算出 1mol 物质的体积，见表 2-1。

表 2-1　20℃ 时 1mol 某些固态或液态物质的体积

物质	碳	铝	铁	水	硫酸	蔗糖
体积/cm³	3.4	10	7.1	18	54.1	215.5

从表 2-1 可知，1mol 的固态或液态物质，它们的体积是不相同的。这是为什么呢？我们知道，物质体积的大小取决于构成这种物质的粒子数目、粒子的大小和粒子之间的距离这三个因素。因为对固态或液态的物质来说，构成它们微粒间的距离是很小的，那么，1mol 固态或液态物质的体积主要取决于原子、分子或离子本身的大小。构成不同物质的原子，分子或离子的大小是不同的，所以 1mol 不同物质的体积也就有所不同。

对于气体来说，情况就不同了。气体的体积比液体和固体更容易被压缩。说明气体

分子之间的距离比固体和液体中的粒子之间的距离大得多。在气体中，分子可以在较大的空间内运动。在通常情况下，气态物质的体积要比它在液态和固态时大 1000 倍左右。一般来说，气体分子的直径约为 0.4nm，而分子之间的距离约为 4nm，即分子之间的距离约是分子直径的 10 倍。因此，当分子数目相同时，气体体积的大小主要决定于气体分子之间的距离，而不是气体分子本身体积的大小。事实证明，在相同的温度、相同的压力下，不同种类的气体分子之间的平均距离几乎是相等的。因此，比较气体体积的大小，必须在同温同压下进行。

为便于研究，人们规定温度 0℃ 和压力 101.325kPa 时为标准状况。

通常把标准状况下，单位物质的量的气体所占有的体积叫做气体摩尔体积，用 V_m 表示，常用单位是 L/mol。

标准状况下，1mol H_2 的质量为 2.016g，密度为 0.089g/L 体积约为：

$$V(H_2) = \frac{m(H_2)}{\rho(H_2)} = 22.4(L)$$

通过同样的方法，还可以计算出，1mol O_2 的体积约为 22.4L，1mol CO_2 的体积约为 22.4L。

大量的实验证明：在标准状况下，任何气体的摩尔体积都约为 22.4L/mol。

标准状况下气体的摩尔体积（V_m）与标准状况下气体占有的体积（V）和物质的量（n）三者之间的关系是：

$$V_m = \frac{V}{n}$$

标准状况下气体的密度：

$$\rho = \frac{M}{V_m}$$

则

$$V_m = \frac{M}{\rho} \tag{2-4}$$

二、气体的摩尔体积的计算

【例 2-3】 13.2g CO_2 在标准状况时的体积是多少升？

解 CO_2 的分子量是 44，其 $M(CO_2) = 44$g/mol，则 13.2g CO_2 的物质的量为：

$$n(CO_2) = \frac{m(CO_2)}{M(CO_2)} = \frac{13.2g}{44g/mol} = 0.3mol$$

$$V = n(CO_2)V_m = 0.3mol \times 22.4L/mol = 6.72L$$

答：13.2g CO_2 在标准状况时的体积是 6.72L。

【例 2-4】 在标准状况下，89.6L O_2 气体的质量是多少克？

解 已知 O_2 气体在标准状况下所占有的体积 $V=89.6L$，则

$$n(O_2) = \frac{V}{V_m} = \frac{89.6L}{22.4L/mol} = 4mol$$

$$M(O_2) = n(O_2)M(O_2) = 4mol \times 32g/mol = 128g$$

答：在标准状况下 89.6L O_2 气体的质量是 128g。

【例 2-5】 在标准状况时，10L CO_2 气体的质量是 19.64g，计算 CO_2 的摩尔质量。

解 已知 $m(CO_2) = 19.64g$，在标准状况下 CO_2 所占有的体积 $V_0(CO_2) = 10L$，则

$$M(CO_2) = \frac{V_m}{V(CO_2)} \times m(CO_2) = \frac{22.4L/mol}{10L} \times 19.64g$$
$$= 43.99g/mol$$

答：CO_2 的摩尔质量为 $43.99g/mol$。

第三节　物质的量浓度

溶液组成的表示方法有多种。我们在初中化学中学习过溶质的质量分数，应用这种表示浓度的方法，可以了解和计算一定质量的溶液中所含溶质的质量。但是，在实际工作中取用溶液时，一般不是去称它的质量而是量它的体积。下面介绍一种在生产和科研中最常用的表示溶液组成的方法——物质的量浓度。

一、物质的量浓度

单位体积溶液中所含溶质的物质的量叫做溶液的物质的量浓度，简称浓度，用符号 c 表示，单位是 mol/L。

$$物质的量浓度 = \frac{溶质的物质的量}{溶液的体积}$$

即
$$c = \frac{n}{V} \tag{2-5}$$

二、有关物质的量浓度的计算

【例 2-6】 将 20g NaOH 溶于水中，配成 250mL 溶液。计算该溶液的物质的量浓度。

解 已知 $M(NaOH) = 40g/mol$，$m(NaOH) = 20g$，那么 NaOH 的物质的量为：

$$n(NaOH) = \frac{m(NaOH)}{M(NaOH)} = \frac{20g}{40g/mol} = 0.5mol$$

又已知 $V(NaOH) = 250mL = 0.25L$（注意：这里的体积单位一定要为升），根据式（2-5）有：

$$c(NaOH) = \frac{n(NaOH)}{V(NaOH)} = \frac{0.5mol}{0.25L} = 2mol/L$$

答：该 NaOH 溶液的物质的量浓度是 $2mol/L$。

同一种溶液，其浓度可以用质量分数（w）和物质的量浓度（c）来表示。二者可通过密度（ρ）来进行换算。

设某溶液体积为 1L（即 1000mL），质量分数为 w，物质的量浓度为 c，溶液的密度为 ρ（常用单位 g/mL），溶质的摩尔质量为 M。那么，用质量分数和物质的量浓度两种方法表示溶液的组成时，1L 溶液中所含溶质的质量是相等的。

$$1000\text{mL} \times \rho w = c \times 1\text{L} \times M$$

$$c = \frac{1000\text{mL/L} \times \rho w}{M} \tag{2-6}$$

【例 2-7】 质量分数为 0.37、密度为 1.19g/mL 的盐酸的物质的量浓度是多少？

解 已知盐酸溶液的 $w = 0.37$，$\rho = 1.19\text{g/mL}$，$M_{(HCl)} = 36.5\text{g/mol}$，根据式（2-6）有

$$c = \frac{1000\text{mL/L} \times \rho w}{M} = \frac{1000\text{mL/L} \times 1.19\text{g/mL} \times 0.37}{36.5\text{g/mol}} = 12.06\text{mol/L}$$

答：该盐酸溶液的物质的量浓度为 12.06mol/L。

在溶液中加入溶剂后，溶液的体积增大而浓度减小的过程，叫做溶液的稀释。溶液稀释后，溶液的质量、溶液的体积和浓度都发生了变化，但溶质的物质的量不变。

设稀释前溶液中的溶质的物质的量为：$n_1 = c_1 V_1$；稀释后溶液中的溶质的物质的量为：$n_2 = c_2 V_2$。溶液稀释的关系式为：

$$c_1 V_1 = c_2 V_2$$

注意：使用此公式时，体积单位前后要一致。

【例 2-8】 配制 250mL 1mol/L HCl 溶液，需要 12mol/L HCl 溶液的体积是多少？

解 由溶液稀释的关系式为 $c_1 V_1 = c_2 V_2$ 得

$$V_1 = \frac{c_2 V_2}{c_1} = \frac{1\text{mol/L} \times 250\text{mL}}{12\text{mol/L}} = 21\text{mL}$$

答：配制 250mL 1mol/L HCl 溶液，需要 12mol/L HCl 溶液 21mL。

第四节 化学方程式的计算

一、化学方程式

化学方程式是用化学式来表示化学反应的式子。每一个化学方程式都是根据实验结果得出来的，不可主观臆造。

书写化学方程式的步骤如下：

（1）将反应物的化学式写在式子的左边，生成物的化学式写在式子的右边，各反应物和生成物之间分别用"+"号相连。反应物和生成物所处的左右两边用"——"连接。

（2）注明必要的反应条件，如加热（用"△"表示）、催化剂、压力、光照等。生成物中有气体的，在其化学式右边用"↑"标明；生成物中有沉淀的，在其化学式的右边用"↓"标明。

（3）用观察法给各化学式配上适当的系数，使短线两边的各种元素原子的总数完全相等，这个过程叫做化学方程式的配平。

$$2KClO_3 \xrightarrow[\triangle]{MnO_2} 2KCl + 3O_2 \uparrow$$

$$CaCl_2 + Na_2CO_3 \longrightarrow CaCO_3 \downarrow + 2NaCl$$

二、根据化学方程式的计算

化学方程式既表达化学反应中各物质质和量的变化，又体现这些物质间量的关系。根据这种定量的关系，可以进行一系列化学计算。在初中已学过运用质量比进行计算，本节介绍运用物质的量的比进行计算。

化学方程式中，各物质的系数比既表示它们基本单元数之比，也即表示物质的量之比。又根据物质的量的意义，还可以得到各物质间其他多种数量关系。例如：

$$2H_2 \quad + \quad O_2 \xrightarrow{\text{点燃}} 2H_2O$$

基本单元数之比	2 :	1 :	2
物质的量之比	2mol :	1mol :	2mol
物质的质量之比	2×2g :	1×32g :	2×18g
气体的体积(标准状况)之比	2×22.4L :	1×22.4L	

可以根据需要选择其中合适的数量关系，来解决实际的计算问题。

【例 2-9】 实验室用 130g 锌与足量稀硫酸反应，能生成硫酸锌多少克？

解 设生成的硫酸锌的质量为 x。

已知 $M(Zn) = 65g/mol$，则 $n(Zn) = 2mol$

$$Zn + H_2SO_4 \longrightarrow ZnSO_4 + H_2\uparrow$$

$$65g \qquad\qquad\qquad 161g$$
$$130g \qquad\qquad\qquad x$$
$$65g : 161g = 130g : x \qquad x = 322g$$

答：能生成硫酸锌 322g。

根据化学方程式进行计算时，各物质的单位不一定都要统一换算成克或摩尔，可根据已知条件具体分析。但同种物质的单位必须一致。

【例 2-10】 完全中和 1L 0.5mol/L 的 NaOH 溶液，需要 1mol/L H_2SO_4 溶液多少升？

解 设中和 1L 0.5mol/L NaOH 溶液，需要 1mol/L H_2SO_4 溶液的体积为 x

$$2NaOH + H_2SO_4 \longrightarrow Na_2SO_4 + 2H_2O$$

$$2mol \qquad\qquad 1mol$$
$$1L×0.5mol/L \quad x×1mol/L$$
$$2mol : 1L×0.5mol/L = 1mol : x×1mol/L$$
$$x = 0.25L$$

答：需要 1mol/L H_2SO_4 溶液 0.25L。

在实际生产和科学实验中，利用化学方程式计算所得的是产品的理论产量。由于实际生产中原料往往不纯，再加上操作过程中还会有损耗等，产品的实际产量总是低于理论产量；原料的实际消耗量总是高于理论用量。

本章小结

一、物质的量

(1) 物质的量是一个基本物理量，它的基本单位的中文名称是摩尔。

(2) 1mol 物质含有 6.02×10^{23} 个基本单元。基本单元可以是分子、原子、离子、电子及其他粒子，或这些粒子的特定组合。

(3) 物质的质量除以其物质的量即为它的摩尔质量。常用单位是 g/mol。1mol 任何原子（分子）的质量，在以克为单位时，其数值与该种原子（分子）的相对质量相等。

(4) 物质的量与物质所含微粒数成正比，所以，只要比较 n 的大小，就可以知道 N 的多少。

二、气体摩尔体积

(1) 标准状况是指 0℃，101.325kPa 条件下。

(2) 在标准状况下，1mol 任何气体都约占有 22.4L，此体积称为气体摩尔体积，符号为 V_m，单位是 L/mol。

(3) 标准状况（或同温同压下），气体的体积与物质的量成正比。所以，在相同状况下，要比较气体体积的大小，只要了解它们分子的物质的量的大小。

三、浓度的表示和计算

(1) 物质的量浓度（c）：单位体积溶液中所含有溶质的物质的量。常用单位为 mol/L。即

$$c = \frac{n}{V}$$

(2) 本章各物理量之间的换算关系：

$$\begin{array}{c} 物质的量浓度\ c(\text{mol/L}) \\ \times V \updownarrow \div V(\text{L}) \\ 基本单元数\ N(个) \xrightleftharpoons[\times N_A]{\div N_A} 物质的量\ n(\text{mol}) \xrightleftharpoons[\div M]{\times M(\text{g/mol})} 物质的质量\ m(\text{g}) \\ \div V_m \updownarrow \times V_m \\ 气体的体积\ V(\text{L}) \\ (标准状况) \end{array}$$

溶液的配制、稀释和混合的计算：掌握"前"和"后"溶质的物质的量不变的原则。

$$c_1V_1 + c_2V_2 = c_3V_3$$

若用纯物质来配制，则用纯物质的"物质的量"数值来代替左边的 $c_1V_1+c_2V_2$。

若加水稀释，则 $c_2V_2=0$，左边只剩一项。

四、根据化学方程式的计算

根据化学方程式，可以计算反应中各物质的质量、物质的量和气体体积等。计算原则是各物质的系数比等于物质的量之比。

阅读材料一

物质的量的单位——摩尔

摩尔一词来源于拉丁文 moles，原意为大量和堆集。早在 20 世纪 40 至 50 年代，就曾

在欧美的化学教科书中作为克分子量的符号。1961年，化学家E. A. Guggenheim将摩尔称为"化学家的物质的量"，并阐述了它的含义。同年，在美国《化学教育》杂志上展开了热烈的讨论，大多数化学家发表文章表示赞同使用摩尔。1971年，在由41个国家参加的第14届国际计量大会上，正式宣布了国际纯粹和应用化学联合会、国际纯粹和应用物理联合会和国际标准化组织关于必须定义一个物质的量的单位的提议，并做出了决议。从此，"物质的量"就成为了国际单位制（SI）中的一个基本物理量。表2-2为国际单位制基本单位。

表 2-2　国际单位制基本单位

量的名称	单位名称	单位符号
长度	米（meter）	m
质量	千克或公斤（kilogram）	kg
时间	秒（second）	s
电流	安培（Ampere）	A
热力学温度	开尔文（Kelvin）	K
物质的量	摩尔（mole）	mol
发光强度	坎德拉（candela）	cd

阅读材料二

纳米材料

20世纪80年代在材料园地诞生了一种新材料，其体态细小得只有借助高倍电子显微镜才能一睹尊容。这就是纳米材料，是纳米量级（10^{-9} m）的超细颗粒构成的材料，它比一根头发丝还要细小1000到10000倍，从而成为材料制造从宏观世界向微观世界进军的重要里程碑。别看它身子细小，能耐可大着呢！纳米材料有四大效应：小尺寸效应、量子效应、表面效应和界面效应，从而具有传统材料所不具备的物理、化学特性。如 TiO_2 纳米陶瓷在低温下具有奇特的韧性，在180℃温度下经受弯曲不断裂；CaF_2 陶瓷纳米材料在80～180℃温度下塑性提高100%；纳米铁合金比同成分合金强度高10倍以上；纳米磁性材料的磁记录密度比普通磁性材料高10倍以上；纳米复合材料对光的反射率低，能吸收电磁波，可用作隐形飞机涂层。可能制得无缺陷或无有害缺陷的近乎理想的纳米陶瓷，使材料的原有性能得到极大的改善，甚至出现新的功能，如5%（体积分数）纳米颗粒弥散了 Al_2O_3 基晶粒内制成的复合材料的强度比纯 Al_2O_3 陶瓷高两倍。

纳米材料和纳米技术问世以来的20年中，大致完成了材料创制、性能开发阶段，现在正步入完善工艺和全面应用阶段。预期它将在信息、通信、微电子、环境、医药等领域获得广泛应用。纳米材料市场潜力巨大，2000年，纳米材料结构器件市场容量约为6375亿美元，纳米材料薄膜器件市场容量为340亿美元，纳米粉体、纳米复合陶瓷及其他复合材料市场容量为5457亿美元，纳米超精度加工技术市场容量为442亿美元，纳米晶体材料及其生长技术市场容量为238亿美元。可见纳米材料的研究和发展对人类社会的影响，无论从理论上还是从实用意义上而言都是重要而深刻的。纳米材料的用途很广，主要用途体现在以下几个方面。

> 1. 医药
>
> 　　使用纳米技术能使药品生产过程越来越精细，并在纳米材料的尺度上直接利用原子、分子的排布制造具有特定功能的药品。纳米材料粒子将使药物在人体内的传输更为方便，用数层纳米粒子包裹的智能药物进入人体后可主动搜索并攻击癌细胞或修补损伤组织。使用纳米技术的新型诊断仪器只需检测少量血液，就能通过其中的蛋白质和DNA诊断出各种疾病。
>
> 2. 家电
>
> 　　用纳米材料制成的纳米材料多功能塑料，具有抗菌、除味、防腐、抗老化、抗紫外线等作用，可用作电冰箱、空调外壳里的抗菌除味塑料。
>
> 3. 电子计算机和电子工业
>
> 　　可从阅读硬盘上的读卡机以及存储容量为目前芯片上千倍的纳米材料级存储器芯片都已投入生产。计算机在普遍采用纳米材料后，可以缩小成为"掌上电脑"。
>
> 4. 环境保护
>
> 　　环境科学领域将出现功能独特的纳米膜。这种膜能够探测到由化学和生物制剂造成的污染，并能够对这些制剂进行过滤，从而消除污染。
>
> 5. 纺织工业
>
> 　　在合成纤维树脂中添加纳米 SiO_2、纳米 ZnO、纳米 SiO_2 复配粉体材料，经抽丝、织布，可制成杀菌、防霉、除臭和抗紫外线辐射的内衣和服装，可用于制造抗菌内衣、用品，可制得满足国防工业要求的抗紫外线辐射的功能纤维。
>
> 6. 机械工业
>
> 　　采用纳米材料技术对机械关键零部件进行金属表面纳米粉涂层处理，可以提高机械设备的耐磨性、硬度和使用寿命。

习　题

1. 摩尔是 _____ 的单位，1mol 任何物质中所含有的基本单元数目约为 _____。

2. 1mol H_2SO_4 中含 _____ 个 H_2SO_4 分子，质量为 _____ g，含 _____ mol 氢原子，是 _____ 个氢原子，质量为 _____ g，含 _____ mol SO_4^{2-}，质量为 _____ g。

3. 将 8g NaOH 固体溶于水配成 250mL 溶液，此溶液中 NaOH 的物质的量浓度为 _____。取出 10mL 该溶液，其中含有 NaOH _____ g，将取出的溶液加水稀释到 100mL，稀释后溶液中 NaOH 的物质的量浓度为 _____。

4. 计算下列各物质的质量：

   0.5mol NaOH　　　　2mol N_2　　　　1.5mol H_2SO_4　　　　3mol NH_4NO_3

5. 实验室用 0.2mol 锌与足量的稀盐酸反应，能制得标准状况下的 H_2 多少升？

6. 标准状况下 235mL 某气体的质量是 0.406g，计算该气体的分子量。

7. 要配制 0.5mol/L NaOH 溶液 500mL，需称取 NaOH 固体多少克？

8. 中和含 4g NaOH 的溶液，用去盐酸 25mL，求该盐酸的浓度。

9. 3L 6mol/L H_2SO_4 溶液与 8L 2mol/L H_2SO_4 溶液混合，求其浓度。

10. 质量分数为 0.65 的 HNO_3（密度为 1.4g/mL）10mL 加水稀释到 100mL 后，所得溶液的物质的量浓度为多少？

11. 把含 $CaCO_3$ 90%的大理石 100g 跟足量的盐酸反应（杂质不反应），能生成 CO_2 多少克？把这些 CO_2 通入足量的石灰水中，能生成沉淀多少克？

12. 将干燥的 $KClO_3$ 和 MnO_2 混合物 14g 加热至不再产生氧气为止。冷却后，剩余固体物质 9.2g。求制得标准状况下的氧气多少升？原混合物中有 $KClO_3$ 多少克？

13. 待测浓度的 NaOH 溶液 25mL，用 1mol/L H_2SO_4 溶液 20mL 刚好中和完全。求 NaOH 溶液的物质的量浓度。

14. 在标准状况下，CO 和 CO_2 的混合气体共 39.2L，质量为 61g。则在混合气体中 CO_2 为多少摩尔？CO 所占的体积分数是多少？

第三章
常见金属元素及其化合物

> **学习目标**
>
> 了解钠的物理性质，掌握钠的主要化学性质，掌握过氧化钠、氢氧化钠、碳酸钠和碳酸氢钠的主要性质和用途。掌握钠、钾的焰色反应。了解铝、铁的物理性质，掌握铝、铁及其重要化合物的基本化学性质，了解铁离子的检验。

第一节　钠及其化合物

一、钠的性质

元素周期表中ⅠA族的元素，包括锂（Li）、钠（Na）、钾（K）、铷（Rb）、铯（Cs）、钫（Fr）都是典型的金属元素（钫为放射性元素），它们的氢氧化物都是可溶性的强碱，所以，该族通称为碱金属。

碱金属原子最外层都只有一个电子，在化学反应中极易失去一个电子成为稳定的+1价阳离子，因此碱金属都是活泼金属，具有很强的还原性。从锂到铯由于电子层数逐渐增多，导致金属的活泼性越来越强。

在碱金属中，具有代表性的是钠。

（一）钠的物理性质

钠是银白色金属，很软，硬度为0.4（金刚石的硬度为10），可以用刀切割。熔点为98℃，沸点为883℃，密度比水小，为0.97g/cm^3。

（二）钠的化学性质

钠的化学性质非常活泼，能与许多非金属和一些化合物发生反应。

1. 与氧气反应

【演示实验3-1】从煤油中取出一小块钠，用滤纸吸干其表面的煤油，再用小刀切开钠块，观察其断面上颜色的变化。把一小块钠放在燃烧匙里加热，观察反应的现象。

被切开的金属钠断面，在空气中银白色很快变暗而失去金属光泽。这说明在常温下，钠很容易与空气中的氧气化合，生成氧化钠。

$$4Na+O_2 \longrightarrow 2Na_2O$$

钠受热以后在空气中燃烧，产生黄色火焰，生成淡黄色的过氧化钠固体。

$$2Na+O_2 \xrightarrow{\triangle} Na_2O_2$$

钠和硫化合时会发生爆炸，生成硫化钠。

$$2Na+S \longrightarrow Na_2S$$

2. 与水反应

【演示实验3-2】 向一盛水的烧杯中滴加几滴酚酞溶液，然后取一绿豆般大小的金属钠放入烧杯中。观察钠和水起反应的现象和溶液颜色的变化。

钠比水轻，浮在水面上，它和水剧烈反应产生气体，同时放出的热能使它熔化成银白色的小球，并迅速游动。球逐渐缩小，最后完全消失。而烧杯中的溶液由无色变成粉红色。说明钠与水反应生成了氢气和氢氧化钠。

$$2Na+2H_2O \longrightarrow 2NaOH+H_2\uparrow$$

钠很容易跟空气中的氧气和水起反应，因此，保存时应将它与空气和水隔开，实验室通常将其保存在煤油中。

二、钠的重要化合物

（一）过氧化钠（Na_2O_2）

过氧化钠是淡黄色固体，易吸潮，加热到500℃仍很稳定。过氧化钠中的氧为-1价。

【演示实验3-3】 向盛有过氧化钠固体的试管中滴加水，再将火柴的余烬靠近试管口，可以检验出有氧气放出。

过氧化钠与水或稀酸反应生成过氧化氢，过氧化氢不稳定，易分解放出氧气。

$$Na_2O_2+2H_2O \longrightarrow 2NaOH+H_2O_2$$
$$Na_2O_2+H_2SO_4（稀）\longrightarrow Na_2SO_4+H_2O_2$$
$$2H_2O_2 \longrightarrow 2H_2O+O_2\uparrow$$

实验室常利用上述反应制取少量氧气或过氧化氢。

过氧化钠是强氧化剂，工业上可以用来漂白织物、麦秆、羽毛等。

过氧化钠暴露在空气中与二氧化碳反应生成碳酸钠，并放出氧气，因此过氧化钠必须密封保存。

$$2Na_2O_2+2CO_2 \longrightarrow 2Na_2CO_3+O_2\uparrow$$

利用这一性质，过氧化钠在防毒面具、高空飞行和潜水艇中作二氧化碳的吸收剂和供氧剂。

（二）氢氧化钠（NaOH）

氢氧化钠是白色固体，易潮解，易溶于水，在溶解过程中产生大量的热，它的浓溶液对皮肤、纤维等有强烈的腐蚀性，因此又称为苛性钠、火碱或烧碱。

氢氧化钠是强碱，具有碱的通性。它能与二氧化碳（CO_2）、二氧化硅（SiO_2）等酸性氧化物反应。

$$2NaOH + CO_2 \longrightarrow Na_2CO_3 + H_2O$$

$$2NaOH + SiO_2 \longrightarrow Na_2SiO_3 + H_2O$$

硅酸钠的水溶液俗称水玻璃,是一种胶黏剂。因此,实验室里盛放碱溶液的试剂瓶常用橡胶塞,而不用玻璃塞,就是为了防止玻璃受碱溶液的腐蚀生成具有黏性的硅酸钠(Na_2SiO_3),而使瓶口和塞子黏结在一起。

氢氧化钠是基础化学工业中最重要的产品之一,用途广泛,主要用来制肥皂、人造丝、染料、药物等。此外精炼石油和造纸也要用到大量的氢氧化钠。它也是实验室常用的试剂。

工业上一般用电解饱和食盐水的方法来制取氢氧化钠。

(三) 碳酸钠(Na_2CO_3)和碳酸氢钠($NaHCO_3$)

碳酸钠俗名纯碱或苏打,是白色粉末,易溶于水。碳酸钠晶体($Na_2CO_3 \cdot 10H_2O$)含结晶水,在干燥的空气中易失去结晶水而成为无水的碳酸钠。碳酸钠水溶液呈碱性,工业上所谓的"三酸两碱"中的"两碱"是指纯碱(Na_2CO_3)和烧碱($NaOH$)。许多用碱的场合,常以碳酸钠代替氢氧化钠。

碳酸钠与酸反应,放出二氧化碳气体。

$$Na_2CO_3 + 2HCl \longrightarrow 2NaCl + CO_2 \uparrow + H_2O$$

因此在食品工业中,用它中和发酵后生成的多余的有机酸,除去酸味,并利用反应生成的二氧化碳使食品膨松。

碳酸氢钠俗名小苏打,是一种细小的白色晶体,20℃以上时,比碳酸钠在水中的溶解度小得多。碳酸氢钠水溶液呈弱碱性,与酸反应也能放出二氧化碳气体。

$$NaHCO_3 + HCl \longrightarrow NaCl + CO_2 \uparrow + H_2O$$

$NaHCO_3$ 遇酸放出 CO_2 的程度比 Na_2CO_3 剧烈得多。

Na_2CO_3 受热没有变化,而 $NaHCO_3$ 受热会分解。

$$2NaHCO_3 \xrightarrow{\triangle} Na_2CO_3 + CO_2 \uparrow + H_2O$$

用这个反应可以鉴别碳酸钠和碳酸氢钠。

碳酸钠是一种基本的化工原料,广泛应用于玻璃、肥皂、造纸、纺织等工业。碳酸钠在日常生活中常用作洗涤剂。

碳酸氢钠是发酵粉的主要成分,在医疗上可用于治疗胃酸过多,还用作泡沫灭火器的药剂。

三、焰色反应

某些金属或它们的化合物在灼烧时,火焰呈现特殊的颜色,这就是焰色反应。

【演示实验3-4】 取一根顶端弯成小圈的铂丝或镍丝,蘸以浓盐酸,在灯上灼烧至无色;然后分别蘸以 0.5mol/L NaCl 溶液,放在氧化焰中燃烧。观察有何种颜色呈现出来。

可见,蘸有 NaCl 溶液的铂丝或镍丝在灼烧时呈现黄色火焰。

除钠和钠的化合物外,许多金属或它们的化合物都能发生焰色反应。如锂及锂的化合物产生紫红色火焰;钾及钾的化合物产生浅紫色火焰(透过蓝色的钴玻璃观察);钙及钙的化合物产生砖红色火焰。

第二节　铝及其化合物

元素周期表中ⅢA族元素，包括硼（B）、铝（Al）、镓（Ga）、铟（In）、铊（Tl）五种元素，统称为硼族元素。硼族元素的金属性，按照由硼到铊的顺序逐渐增强。硼主要显示非金属性，铝、镓、铟呈两性，而铊则完全表现出金属性。

本节主要介绍铝及其化合物的知识。

一、铝的性质和用途

铝在地壳中的含量为7.7%，仅次于氧和硅，是地壳中含量最多的金属元素。在自然界中以复杂的铝硅酸盐形式存在，如长石、云母、高岭土等。此外，还有铝矾土（$Al_2O_3 \cdot nH_2O$）、冰晶石（Na_3AlF_6）。它们是冶炼金属铝的重要原料。

（一）铝的物理性质

铝是银白色的轻金属，密度为 $2.7g/cm^3$，是重要的金属材料。熔点为660℃。具有良好的导电性、导热性，也有很好的延展性。

（二）铝的化学性质

铝的性质较活泼，它能与氧、卤素、硫等非金属起反应，生成相应的化合物。

$$4Al+3O_2 \longrightarrow 2Al_2O_3$$

$$2Al+3S \longrightarrow Al_2S_3$$

铝是两性金属，既可与酸也能与强碱溶液起反应。

$$2Al+6HCl \longrightarrow 2AlCl_3+3H_2\uparrow$$

$$2Al+2NaOH+2H_2O \longrightarrow \underset{\text{偏铝酸钠}}{2NaAlO_2}+3H_2\uparrow$$

常温下，铝能与空气中的氧化合，在铝的表面生成一层致密而坚固的氧化物薄膜，从而使铝失去光泽，但它能保护内部的铝不再进一步被氧化。所以铝具有抗腐蚀的性能，铝器在空气中不容易发生锈蚀。铝在冷的浓硫酸或浓硝酸中表面生成一层致密而坚固的氧化物薄膜，发生钝化现象。因此可用铝制容器来装运浓硫酸和浓硝酸。

铝作为活泼金属，在一定的温度下还能与某些相对不活泼金属氧化物反应置换出该金属。反应过程中放出大量的热，使置换出的金属达到熔化状态，利用此法可冶炼这些金属。铝粉和重金属氧化物的混合物叫做铝热剂。如铝粉和四氧化三铁粉末在较高温度下发生剧烈反应能使产物铁熔化，这个反应叫铝热反应。可利用这一反应来焊接金属和钢轨。

$$8Al+3Fe_3O_4 \xrightarrow{\triangle} 9Fe+4Al_2O_3$$

（三）铝的用途

纯铝的导电性能好，在电力工业中它可以代替部分铜做导线和电缆。铝有很好的延展性，能够抽成细丝，也能压成薄片成为铝箔，铝箔可以用来包装糖果、胶卷等。铝粉跟某些油料混合，可以制成白色防锈油漆。铝的质量轻，硬度大，机械性能好，广泛用于汽车、船舶、飞机等制造业以及日常生活里。

二、铝的化合物

（一）氧化铝（Al_2O_3）

氧化铝是一种不溶于水且极难熔的白色固体，它是典型的两性氧化物。

$$Al_2O_3 + 6HCl \longrightarrow 2AlCl_3 + 3H_2O$$
$$Al_2O_3 + 2NaOH \longrightarrow 2NaAlO_2 + H_2O$$

自然界存在的铝的氧化物主要有铝土矿，又叫矾土。它可用来提取纯氧化铝。工业上，可以用氧化铝为原料，采用电解的方法来制取铝。氧化铝也是一种较好的耐火材料，可以用来制造耐火坩埚、耐火管和耐高温的实验仪器等。

自然界中还存在着比较纯净的氧化铝晶体，称为刚玉，其硬度仅次于金刚石。因此，它常用来制造砂轮、机械轴承等，天然刚玉的矿石中常因含有少量的杂质而显不同的颜色，俗称宝石。如含有铁和钛的氧化物时呈蓝色，俗称蓝宝石，含有微量铬时呈红色，叫红宝石。红宝石是优良的激光材料。祖母绿是矿石绿柱石的一种，是六方柱状晶体，它的颜色晶莹翠绿。祖母绿的绿色，是因少量元素铬代替了矿物成分中的铝而引起的。

（二）氢氧化铝 $[Al(OH)_3]$

氢氧化铝是两性氢氧化物，它既能与酸反应生成铝盐，又能与碱反应生成偏铝酸盐。

$$Al(OH)_3 + 3HCl \longrightarrow AlCl_3 + 3H_2O$$
$$Al(OH)_3 + NaOH \longrightarrow NaAlO_2 + 2H_2O$$

实验室用铝盐溶液与氨水反应来制备氢氧化铝。

$$Al_2(SO_4)_3 + 6NH_3 \cdot H_2O \longrightarrow 2Al(OH)_3 \downarrow + 3(NH_4)_2SO_4$$

氢氧化铝是胃舒平等胃药的主要成分，可用于治疗胃溃疡或胃酸过多，还可用作净水剂。

（三）硫酸铝钾 $[KAl(SO_4)_2]$

硫酸铝钾是由两种不同的金属离子和一种酸根离子组成的盐，像这样的盐称为复盐。在水溶液中，它可电离出两种金属阳离子。

$$KAl(SO_4)_2 \longrightarrow K^+ + Al^{3+} + 2SO_4^{2-}$$

十二水合硫酸铝钾 $[KAl(SO_4)_2 \cdot 12H_2O]$ 的俗名叫明矾。它是一种无色晶体，易溶于水，并发生水解反应，其水溶液呈酸性，产生的氢氧化铝胶体具有吸附性，可吸附水中的杂质并形成沉淀，使水澄清，故明矾可用作日常生活中的净水剂。此外，明矾在造纸工业中用作填充剂，纺织工业中用作棉织物染色的媒染剂以及用于澄清油脂、石油脱臭和除色等。

第三节　铁及其化合物

铁在地壳中的含量约为 4.75%，在金属中仅次于铝。铁的化学性质比较活泼，除了天外来的陨铁以外，铁在地壳中通常以化合态形式存在。

一、铁的性质

(一) 铁的物理性质

纯净的铁是光亮的银白色金属，密度为 $7.85g/cm^3$，熔点为 $1539℃$，沸点为 $2500℃$。它具有良好的延展性、导电性和导热性。纯铁的抗腐蚀能力较强，但通常用的铁一般都含碳和其他元素，因而使它的抗腐蚀能力减弱。铁能被磁铁吸引。在磁场作用下，铁自身也能产生磁性。

(二) 铁的化学性质

铁的原子序数为 26，位于元素周期表第 4 周期、第ⅧB 族。它的化合价有 +2 价和 +3 价，以 +3 价更为稳定。

铁是比较活泼的金属，但常温时，在干燥的空气中很稳定，几乎不与氧、硫、氯气发生反应。故工业上常用钢瓶储运干燥的氯气和氧气。在加热时，铁能与它们发生反应。

$$3Fe + 2O_2 \xrightarrow{\triangle} Fe_3O_4$$

$$Fe + S \xrightarrow{\triangle} FeS$$

$$2Fe + 3Cl_2 \xrightarrow{\triangle} 2FeCl_3$$

高温下，铁还能与碳、硅等化合。

铁在常温下不与水反应，但红热的铁能与水蒸气发生反应，生成四氧化三铁和氢气。

$$3Fe + 4H_2O \xrightarrow{高温} Fe_3O_4 + 4H_2 \uparrow$$

此外，铁还能与盐酸、稀硫酸和某些金属盐溶液发生置换反应。

$$Fe + 2HCl \longrightarrow FeCl_2 + H_2 \uparrow$$

$$Fe + CuCl_2 \longrightarrow FeCl_2 + Cu \downarrow$$

铁在冷浓硫酸或浓硝酸中容易钝化，所以可用铁罐储运它们。

二、铁的化合物

(一) 硫酸亚铁 ($FeSO_4$)

硫酸亚铁是亚铁盐中最常见的。含有 7 个分子结晶水的硫酸亚铁 ($FeSO_4 \cdot 7H_2O$) 俗称绿矾，它是浅绿色的晶体。在空气中会逐渐风化失去一部分结晶水。绿矾易溶于水，且易水解而使溶液呈酸性。

绿矾的用途很广，它可以用作木材的防腐剂、织物染色时的媒染剂、还原剂及制造蓝黑墨水，在医药上可以治疗贫血，在农业上用作农药等。

Fe^{2+} 的化合物很容易氧化成 Fe^{3+} 的化合物，因此 Fe^{2+} 的化合物常用作还原剂。但通常使用的是硫酸亚铁的复盐，如硫酸亚铁铵 $[(NH_4)_2Fe(SO_4)_2 \cdot 6H_2O]$，也称摩尔盐，它比绿矾稳定得多。

(二) 氯化铁 ($FeCl_3$)

无水 $FeCl_3$ 在潮湿的空气中易潮解。易溶于水并放出大量的热，也能溶于丙酮等有机溶剂中。它易水解，从而使溶液呈酸性。

$FeCl_3$常用作氧化剂，如用来制作印刷电路板的腐蚀剂，使铜板被氧化而腐蚀。

$$2FeCl_3 + Cu \longrightarrow 2FeCl_2 + CuCl_2$$

$FeCl_3$的用途很广，如用作净水剂，用于有机染料的生产，在有机合成中用作催化剂。由于它具有引起蛋白质迅速凝聚的作用，故在医疗上还可作为外伤的止血剂。

三、铁离子的检验

实验室中常利用无色的硫氰化钾（KSCN）溶液或无色的硫氰化铵（NH_4SCN）来检验可溶性铁盐（Fe^{3+}）。

【演示实验3-5】 在试管中加入少量$FeCl_3$溶液，再滴加几滴KSCN溶液。观察现象。

从实验中可见，铁盐遇KSCN或NH_4SCN溶液显血红色。

$$FeCl_3 + 3KSCN \longrightarrow Fe(SCN)_3 + 3KCl$$

亚铁盐溶液（Fe^{2+}）遇KSCN溶液不显红色。因此，利用以上反应可以检验Fe^{3+}的存在。

第四节 硬水的软化

一、硬水和软水

水是日常生活和生产中不可缺少的物质，还是重要的溶剂。水质的好坏直接影响人们的生活和生产。由于来自江河湖海的天然水长期与土壤、矿物和空气接触，溶解了许多无机盐、某些可溶性有机物和气体等，使天然水通常含有Ca^{2+}、Mg^{2+}等阳离子和HCO_3^-、CO_3^{2-}、Cl^-、SO_4^{2-}和NO_3^-等阴离子。各地天然水所含这些离子的种类和数量有所不同。工业上根据水中Ca^{2+}和Mg^{2+}的含量不同，将天然水分为硬水和软水两种。含有较多量Ca^{2+}和Mg^{2+}的水，叫做硬水；只含有较少量或不含Ca^{2+}和Mg^{2+}的水，叫做软水。

硬水分为暂时硬水和永久硬水两种。含有钙、镁酸式碳酸盐的硬水叫做暂时硬水。暂时硬水经煮沸后，酸式碳酸盐发生分解，会生成不溶性的碳酸盐沉淀而除去。

$$Ca(HCO_3)_2 \xrightarrow{\triangle} CaCO_3 \downarrow + CO_2 \uparrow + H_2O$$

$$Mg(HCO_3)_2 \xrightarrow{\triangle} MgCO_3 \downarrow + CO_2 \uparrow + H_2O$$

含有钙和镁的硫酸盐或氯化物的硬水叫做永久硬水，它们不能用煮沸的方法除去硬性。

二、硬水的危害

硬水对生活和生产都有危害。如生活中用硬水洗涤衣物，其中的Ca^{2+}和Mg^{2+}会与肥皂形成不溶性的硬脂酸钙[$(C_{17}H_{35}COO)_2Ca$]和硬脂酸镁[$(C_{17}H_{35}COO)_2Mg$]，不仅浪费肥皂，而且污染衣服。再如工业锅炉使用硬水，日久锅炉壁上可生成沉淀，俗称

"锅垢",其主要成分是 $CaCO_3$、$MgCO_3$ 等。锅垢不易传热,使锅炉内金属导管的导热能力大大降低,这不仅浪费燃料,而且更重要的是由于锅垢与钢铁的膨胀程度不同,致使锅垢产生裂缝。水渗漏,会使锅炉变形,甚至发生爆炸。很多工业部门,如化工、造纸、印染、纺织等,都要求使用软水。因此在使用硬水前,必须减少其中 Ca^{2+} 和 Mg^{2+} 的含量,这种过程叫做硬水的"软化"。

三、硬水的软化

硬水的软化方法很多,下面介绍两种目前最常使用的方法。

(一) 化学软化法

化学软化法在水中加入某些化学试剂,使水中溶解的钙盐、镁盐成为沉淀析出。常用石灰乳和纯碱使水软化。

$$Ca(HCO_3)_2 + Ca(OH)_2 \longrightarrow 2CaCO_3\downarrow + 2H_2O$$
$$Mg(HCO_3)_2 + Ca(OH)_2 \longrightarrow CaCO_3\downarrow + MgCO_3\downarrow + 2H_2O$$
$$Ca(HCO_3)_2 + Na_2CO_3 \longrightarrow CaCO_3\downarrow + 2NaHCO_3$$
$$MgSO_4 + Na_2CO_3 \longrightarrow MgCO_3\downarrow + Na_2SO_4$$
$$CaSO_4 + Na_2CO_3 \longrightarrow CaCO_3\downarrow + Na_2SO_4$$

此法操作较繁琐,软化效果较差,但成本低。发电厂、热电站等一般采用此法作为水软化的初步处理。

(二) 离子交换软化法

离子交换软化是借助离子交换树脂来软化水的。离子交换树脂是带有可交换离子的高分子化合物。它分为阳离子交换树脂(用 R^-H^+ 表示)和阴离子交换树脂(用 R^+OH^- 表示)。当待处理的硬水通过阳离子交换树脂层时,离子交换树脂中 H^+ 能与水中的阳离子(Ca^{2+}、Mg^{2+})发生交换,使水中的 Ca^{2+}、Mg^{2+} 等被树脂吸附。

$$2R^-H^+ + Ca^{2+} \longrightarrow R_2Ca + 2H^+$$
$$2R^-H^+ + Mg^{2+} \longrightarrow R_2Mg + 2H^+$$

树脂上可交换的 H^+ 进入水中。当水由阳离子交换树脂层进入阴离子交换树脂层时,离子交换树脂中的 OH^- 能与水中的阴离子,如 Cl^-、SO_4^{2-} 等发生交换,使它们也被树脂吸附,发生如下反应:

$$2R^+OH^- + SO_4^{2-} \longrightarrow R_2SO_4 + 2OH^-$$
$$R^+OH^- + Cl^- \longrightarrow RCl + OH^-$$

这样处理的水中只含有 H^+ 和 OH^-,称为去离子水,可用于高压锅炉及人体注射用水。

当阴、阳离子交换树脂中的 OH^- 和 H^+ 被 SO_4^{2-}、Cl^- 及 Ca^{2+}、Mg^{2+} 等几乎全部代替后,离子交换树脂就失去了交换能力,可用一定浓度的强酸如 HCl 和强碱如 NaOH 分别处理,使离子交换树脂重新获得交换能力。这个过程叫做离子交换树脂的再生。

$$R_2Ca + 2HCl \longrightarrow 2RH + CaCl_2$$
$$R_2SO_4 + 2NaOH \longrightarrow 2ROH + Na_2SO_4$$

用离子交换法来处理硬水,设备简单,操作方便,占地面积小,软化后水质高,又可重复使用。

本章小结

一、钠

钠具有银白色光泽，是低熔点的轻金属。常温下与氧、卤素、水等反应。钠的重要化合物有氢氧化钠、碳酸钠、碳酸氢钠，它们都是重要的化工原料，其中碳酸氢钠加热可分解放出二氧化碳，这是区别碳酸钠的重要特征。金属钠和它的盐类灼烧时，火焰呈黄色，碱金属元素都具有这一特征，在化学上称为焰色反应。

二、铝

(1) 铝质轻、易导电，是重要的金属材料。铝合金具有优良的物理性质，应用广泛。

(2) 铝可以跟许多非金属、盐酸或稀硫酸起反应。常温下铝在浓硫酸、浓硝酸中发生钝化。

(3) 铝能跟强碱溶液反应生成氢气。

(4) 铝粉与重金属氧化物的混合物叫做铝热剂。铝能跟某些金属氧化物如氧化铁反应生成氧化铝和液态铁或其他金属单质。

(5) 氧化铝、氢氧化铝都是两性化合物，它们既能跟酸反应，又能跟强碱溶液反应。

三、铁

(1) 铁在元素周期表中位于第 4 周期、第Ⅷ B 族，是一种重要的过渡元素。铁是应用最广泛的金属。

(2) 铁通常有 +2、+3 两种价态的化合物。铁的化合物及其离子大多有颜色。

(3) 铁在一定条件下，能跟氧气及其他非金属、酸、盐和水等起反应。常温下铁在浓硝酸、浓硫酸里发生钝化。

四、硬水的软化

(1) 硬水和软水由含 Ca^{2+}、Mg^{2+} 的量决定。

(2) 含 $Ca(HCO_3)_2$ 和 $Mg(HCO_3)_2$ 的硬水叫暂时硬水，可经加热使硬水软化。硬水常用化学软化法和离子交换法软化处理。

阅读材料一

最软的金属——铯

铯是最软的金属，它甚至比石蜡还软。铯具有活泼的个性，它本来披着一件漂亮的银白色的"外衣"，可是一与空气接触，马上就换成了灰蓝色，甚至不到一分钟就自动地燃烧起来，发出玫瑰般的紫红色或蓝色的光，把它投到水里，会立即发生强烈的化学反应，着火燃烧，有时还会引起爆炸。即使把它放在冰上，也会燃烧起来。正因为它这么"不老实"，平时人们就把它"关"在煤油里，以免与空气、水接触。

最有意思的是,铯的熔点很低,很容易变成液体。一般的金属只有在熊熊的炉火中才能熔化。可是铯却十分特别,熔点只有 28.5℃,除了水银之外,它就是熔点最低的金属了。

阅读材料二

金属元素和人体健康

构成人体的 11 种常量元素中,有 4 种是金属元素。它们是钙、钾、钠、镁。钙有助于骨骼的生长;钠和钾用以调节人体体液的各种平衡;镁起促进蛋白质和遗传物质合成的作用。

人体中还含有 13 种必需的微量元素,其中金属元素是 10 种。表 3-1 列出部分微量元素在人体中的含量和成人大致的摄入量。

这些元素在人体中的含量很小,但它们起着重要的作用。例如,铁是合成血红蛋白的必需元素。血红蛋白分子的中心被亚铁离子(Fe^{2+})占据,血红蛋白的功能是输氧,在血红蛋白中吸收和放出氧气的正是亚铁离子。100mL 水只能溶解 0.3mL 氧气,而 100mL 血液要溶解 20mL 氧气。如果依赖血液中的水来携带氧气,人恐怕马上就会窒息而死。

表 3-1 人体中部分微量金属元素的含量和摄入量

元素名称	人体中的标准含量/%	成人每天摄入量/mg
铁	0.0097	10~18
锌	0.0033	10~15
铜	1.4×14^{-4}	2(约)
锰	3.0×10^{-5}	5~10

又如,锌是合成人体各种激素、酶、遗传物质等的必需元素。缺锌会影响发育,对正在生长发育的青少年,锌尤其重要。为什么人的手、脚破裂后贴上一条氧化锌橡皮膏就会很快长好呢?原来,这就是氧化锌跟人体体液中的酸性物质作用,生成的锌离子(Zn^{2+})能促进蛋白质合成。许多外科用药都含有氧化锌,如氧化锌软膏等。手术后的病人内服氧化锌,可以加快伤口的愈合。

一般来说,各种食物里都含有丰富的金属元素,食盐和天然水中也含有各种金属盐类,它们是人体金属元素的主要来源。目前,矿泉水饮料或标明含有较多某种金属元素的食物等,也是补充人体金属元素不足的来源。但人体中的金属元素有一定的含量,过少会影响健康,过多也会造成疾病。如钠过多易引起水肿和高血压,钾过多会引起恶心和腹泻,铁过多易患糖尿病等。

习 题

1. 金属钠为什么要保存在煤油中?
2. 氢氧化钠及其溶液能否长期放置在空气中?为什么?写出相应的化学方程式。
3. 氢氧化钠、碳酸氢钠、碳酸钠的俗称分别叫什么?如何鉴别碳酸氢钠和碳酸钠固体？写出相应的化学方程式。

4. 铝是一种活泼金属，但它为什么能在空气中稳定存在，还可以用它作器皿贮存浓硫酸或浓硝酸。

5. 写出铝、氧化铝、氢氧化铝跟盐酸、氢氧化钠溶液作用的化学方程式。

6. 什么叫硬水？为什么要对硬水进行软化？

7. 在加热条件下铁与硫、氯气作用的产物是什么？写出相应的化学方程式。

8. 加热 3.24g Na_2CO_3 和 $NaHCO_3$ 的混合物至质量不再变化，剩下固体的质量为 2.51g。计算原混合物中 Na_2CO_3 的质量分数。

9. 把 13.35g $AlCl_3$ 放入 500mL 0.7mol/L 的 NaOH 溶液中，试计算最多可得到氢氧化铝多少克？

10. 106g Na_2CO_3 和 84g $NaHCO_3$ 分别跟过量的同浓度的盐酸反应，放出的 CO_2 何者多？消耗的盐酸何者多？

11. 如何鉴别 Na_2CO_3、K_2CO_3、NaCl 和 K_2SO_4？写出相应的化学方程式。

12. 现有一种含结晶水的绿色晶体，将其配成溶液。若加入 $BaCl_2$ 溶液则产生不溶于酸的白色沉淀；若用稀酸酸化溶液，滴入 $KMnO_4$ 溶液，则紫色褪去；同时滴入 KSCN，溶液显红色。问该晶体是何种物质？

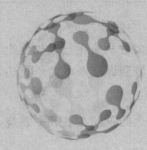

第四章
常见非金属元素及其化合物

> **学习目标**
>
> 了解氯及其化合物的物理性质及氯气的实验室制法,掌握氯及其化合物的主要化学性质,了解漂白粉的组成和应用,了解氯离子的检验。了解臭氧、过氧化氢的性质和用途。了解硫及其化合物的物理性质。掌握硫、氮、硅、二氧化硫、硫酸、氨、硝酸、二氧化硅的主要化学性质及用途。

第一节 氯及其化合物

氯在自然界中主要以 NaCl、$MgCl_2$、KCl 和 $CaCl_2$ 的形式存在,海水中含氯量达 1.9%。氯是人体必需的宏量元素之一,人体中氯元素的含量约 0.15%。人的胃液中含有少量的盐酸(约为 0.5%),能促进消化和杀死一些细菌。

一、氯气的性质和用途

(一)氯气的物理性质

氯气是具有强烈刺激性气味的黄绿色气体,有毒,吸入少量氯气会刺激鼻腔和咽喉,引起胸部疼痛和咳嗽;吸入大量氯气就会窒息死亡。因此,实验室中闻氯气时,必须用手在容器口边轻轻煽动,让微量的气体进入鼻孔。氯气比空气重,对空气的相对密度为 2.5,所以,室内泄漏氯气时,很难用向上抽气的方法将其排尽。氯气很容易液化,将它在常压下冷却到 −34.2℃ 或在常温下加压到 6×10^5 Pa 时,成为液态氯,工业上称为"液氯",通常储存于涂有草绿色的钢瓶中,以便运输和使用。

氯气能溶于水。常温下,1 体积的水能溶解 2.5 体积的氯气。氯气的水溶液叫做"氯水"。

(二)氯气的化学性质

氯气是典型的非金属元素,化学性质很活泼,能与许多物质发生反应。

1. 与金属反应

大多数金属在点燃或灼热的条件下，都能与氯气反应，生成氯化物。如金属钠，在氯气中剧烈燃烧产生黄色火焰，生成白色的氯化钠颗粒。

$$2Na + Cl_2 \xrightarrow{燃烧} 2NaCl$$

红热的铜丝在氯气中燃烧，产生棕黄色的烟，即生成了氯化铜颗粒。反应方程式为

$$Cu + Cl_2 \xrightarrow{燃烧} CuCl_2$$

$CuCl_2$溶解在水里，溶液浓度不同时颜色略有不同，稀溶液为绿色，浓溶液为黄绿色。

铁丝在氯气中燃烧，生成棕红色的氯化铁。

$$2Fe + 3Cl_2 \xrightarrow{燃烧} 2FeCl_3$$

2. 与非金属的反应

在常温下（在没有光照射时），氯气和氢气化合非常缓慢；如果点燃或用强光直接照射，氯气和氢气的混合气体就会迅速化合，甚至发生爆炸生成氯化氢气体。

$$H_2 + Cl_2 \xrightarrow{点燃或光照} 2HCl$$

当氢气在氯气中燃烧时，发出苍白色的火焰，生成无色的氯化氢气体，它能立即吸收空气中的水蒸气呈现雾状，形成细小的盐酸液滴。

氯气还能与其他非金属化合。

【演示实验4-1】 将红磷放在燃烧匙中，点燃后插入盛有氯气的集气瓶里观察现象。

点燃的磷在氯气中继续燃烧，同时出现白色烟雾。氯气与磷反应。生成三氯化磷和五氯化磷，白色烟雾是二者的混合物。

$$2P + 3Cl_2 \xrightarrow{点燃} 2PCl_3$$

$$2P + 5Cl_2 \xrightarrow{点燃} 2PCl_5$$

常温下PCl_3为无色液体，PCl_5是略带黄色的固体，它们都是重要的化工原料，可用来合成许多含磷的有机化合物和含氯的有机化合物。

3. 与水的反应

氯气溶解于水中得到氯水。在氯水中，溶解的氯气一小部分能与水反应，生成盐酸和次氯酸（$HClO$）。

$$Cl_2 + H_2O \rightleftharpoons HCl + HClO$$

该反应是可逆反应。因此氯水是复杂的混合液体，其中除水外，还含有相当数量的氯气和少量的盐酸及次氯酸。次氯酸是一种很弱的酸，不稳定，容易分解，放出氧气。在日光下分解更快。

$$2HClO \xrightarrow{光照} 2HCl + O_2 \uparrow$$

次氯酸是强氧化剂，能杀死病菌，所以常用氯气对自来水（1L水中约通入0.002g氯气）进行杀菌消毒。次氯酸还具有漂白能力，可以使染料和有机色素褪色，可用做漂白剂。

氯气具有杀菌漂白能力，是由于它与水作用而生成次氯酸，所以干燥的氯气没有这

种性质。

4. 与碱的反应

氯气与碱起反应，生成次氯酸盐和金属氯化物。

$$Cl_2 + 2NaOH \longrightarrow NaCl + NaClO + H_2O$$

次氯酸盐比次氯酸稳定，容易储运。市售的漂白粉和漂白精的有效成分是次氯酸钙。工业上生产的漂白粉，是通过氯气与石灰作用制成的。

$$2Cl_2 + 2Ca(OH)_2 \longrightarrow CaCl_2 + Ca(ClO)_2 + 2H_2O$$

漂白粉是氯化钙和次氯酸钙的混合物，有效成分是次氯酸钙。在潮湿的空气里，次氯酸钙与空气里的二氧化碳和水蒸气反应，生成次氯酸。所以漂白粉和漂白精也具有漂白、消毒作用。

$$Ca(ClO)_2 + H_2O + CO_2 \longrightarrow CaCO_3 + 2HClO$$

（三）氯气的用途

氯气是一种重要的化工原料，除用于制漂白粉和盐酸外，还用于制造橡胶、塑料、农药和有机溶剂等。氯气也用作漂白剂，在纺织工业中用来漂白棉、麻等植物纤维，在造纸工业上用来漂白纸浆。氯气还可用于饮用水、游泳池的消毒杀菌。

二、氯离子的检验

氯离子常用硝酸银（$AgNO_3$）来检验。

【演示实验 4-2】 在三支分别盛有 1mL 0.1mol/L KCl、NaCl 和 HCl 溶液的试管中各加入几滴 0.1mol/L $AgNO_3$ 溶液。观察试管中沉淀的颜色。再在三支试管中加入少量的稀硝酸，观察现象。

KCl、NaCl 和 HCl 溶液能与 $AgNO_3$ 溶液反应分别生成 AgCl 白色沉淀。

$$KCl + AgNO_3 \longrightarrow AgCl \downarrow + KNO_3$$
$$NaCl + AgNO_3 \longrightarrow AgCl \downarrow + NaNO_3$$
$$HCl + AgNO_3 \longrightarrow AgCl \downarrow + HNO_3$$

三种不同的氯化物溶于水均能产生氯离子，加入硝酸银都能产生不溶于水，也不溶于硝酸的氯化银。因此氯离子常用硝酸银（$AgNO_3$）来检验，用稀硝酸进行验证。

三、氯气的实验室制法

在实验室，氯气用浓盐酸与二氧化锰反应来制取。

$$4HCl(浓) + MnO_2 \xrightarrow{\triangle} MnCl_2 + 2H_2O + Cl_2 \uparrow$$

工业上，氯气用电解饱和食盐水溶液的方法来制取，同时可制得烧碱。

$$2NaCl + 2H_2O \xrightarrow{电解} 2NaOH + H_2 \uparrow + Cl_2 \uparrow$$

四、氯化氢及盐酸

（一）氯化氢

氯化氢是无色并具有刺激性气味的气体，有毒。比空气重，它极易溶于水，在 0℃时，1 体积的水大约能溶解 450 体积的氯化氢。氯化氢的水溶液就是盐酸。氯化氢在潮湿的空气中与水蒸气形成盐酸液滴而呈现白雾。

在实验室里用食盐与浓硫酸反应来制取氯化氢。稍微加热时生成硫酸氢钠和氯化氢。

$$NaCl + H_2SO_4(浓) \xrightarrow{\triangle} NaHSO_4 + HCl\uparrow$$

在温度大于500℃时,继续起反应生成硫酸钠和氯化氢。

$$NaHSO_4 + NaCl \xrightarrow{>500℃} Na_2SO_4 + HCl\uparrow$$

总的化学方程式为

$$2NaCl + H_2SO_4(浓) \longrightarrow Na_2SO_4 + 2HCl\uparrow$$

(二)盐酸

氯化氢的水溶液叫做氢氯酸,俗称盐酸。纯净的盐酸是无色有刺激性气味的液体。通常市售浓盐酸的密度为1.19g/mL。含HCl质量分数为0.37。工业用的盐酸因含有$FeCl_3$杂质而略带黄色。

盐酸是一种低沸点易挥发性的酸。

盐酸是重要的工业"三酸"之一。它具有酸的通性,能与活泼金属发生置换反应产生氢气和氯化物,也能和碱、碱性氧化物、盐发生复分解反应。

盐酸是重要的化工原料,用途很广泛。如在化工生产中用来制备金属氯化物。在机械、纺织、皮革、冶金、电镀、轧钢、焊接、搪瓷等行业也有广泛的应用。医药上用极稀的盐酸溶液治疗胃酸过少。

第二节 氧 臭氧 过氧化氢

一、氧和臭氧

氧主要以单质、水、氧化物、含氧酸盐的形式广泛存在于地壳中,是地壳中含量最多的元素,含量达48.6%。氧约占空气体积的21%,是生物呼吸、物质燃烧的基础。

氧气是无色、无臭的气体。在标准状况下,密度为1.429g/L,比空气略大。氧气难溶于水,常温下1L水仅能溶解30mL氧气,但却是水中生物赖以生存的基础。以前已学过有关氧气的知识,在此,介绍有关臭氧的一些知识。

氧气(O_2)和臭氧(O_3)互为同素异形体,在雷雨后的空气里,常常能闻到一种特殊的腥臭味,这就是臭氧(O_3)的气味。它是在打雷时,云层间空气里的部分氧气在电火花的作用下发生化学反应而生成的。

臭氧(O_3)是由三个氧原子组成的单质分子。它是淡蓝色的气体,臭氧在地面附近的大气层中的含量极少,而在离地面16~25km的高空处有个臭氧层。它是氧气吸收太阳紫外线辐射而形成的。

$$3O_2 \xrightleftharpoons{紫外光} 2O_3$$

臭氧的用途主要是基于它的强氧化性和不易导致二次污染的优点。如用于饮水和食品的消毒、净化,不但杀菌效果好,而且不会带入异味。空气中O_3的质量分数一般为

$1×10^{-9}$，微量的臭氧不仅能杀菌，还能刺激中枢神经，加速血液循环。但是，空气中如果 O_3 的质量分数达到 $1×10^{-6}$ 时，会使人感到疲倦和头痛，有损人体健康。

臭氧层吸收了大量的紫外线使地球上的生物避免了紫外线强辐射的伤害，因此臭氧层对地球上的所有生命是一个保护层。但近年来发现大气中臭氧锐减，甚至在南极上空出现臭氧空洞。其主要原因是制冷剂、泡沫剂、烟雾发射剂的"氟里昂"及矿物燃料（汽油、煤、柴油），向大气中排放氟氯烃和氮氧化物，它们在高空经光化反应所生成的活性氯原子能同臭氧发生反应，使保护层的臭氧大大减少，乃至出现空洞，而让更多的紫外线照射到地球上。据统计，大气中臭氧每减少 1%，照射到地面上的紫外线就增加 2%，皮肤癌患者就增加 4% 左右。因此，人类应致力于臭氧层的保护，减少并逐步停止氟氯烃的生产和使用，为人类自身创造一个良好的生存环境。

二、过氧化氢

过氧化氢（H_2O_2）俗称双氧水。纯过氧化氢是无色黏稠状液体，熔点 $-1℃$，沸点 $152℃$。$0℃$ 时液体的密度是 $1.465g/cm^3$。它可以和水以任意比例混溶。常使用含双氧水质量分数为 30% 的试剂和 3% 的稀溶液。

过氧化氢的稳定性较差，在较低温度时缓慢分解，MnO_2 等许多重金属氧化物对分解起催化作用，加热能加快分解，并放出大量的热。

$$2H_2O_2 \longrightarrow 2H_2O + O_2 \uparrow$$

强光的照射也会加速过氧化氢分解。因此，过氧化氢应保存在棕色瓶中，并置于阴凉处，同时可加少许稳定剂（如锡酸钠、焦磷酸钠等）以抑制其分解。

工业上利用过氧化氢漂白棉织物及羊毛、丝、羽毛、纸浆等。医药上用质量分数为 3% 的稀 H_2O_2 溶液作伤口等的消毒杀菌剂。纯过氧化氢可作为火箭燃料。

第三节　硫及其化合物

一、硫

自然界中有游离态硫和化合态硫。游离态硫，存在于火山喷口附近或地壳的岩层里。天然硫化物有金属硫化物和硫酸盐。最重要的有硫铁矿或称黄铁矿（FeS_2），黄铜矿（$CuFeS_2$）。天然存在的重要硫酸盐有石膏（$CaSO_4 \cdot 2H_2O$）和芒硝（$Na_2SO_4 \cdot 10H_2O$）。

（一）硫的物理性质

硫俗称硫黄，是淡黄色晶体，质脆，有臭味，不溶于水，微溶于酒精而易溶于二硫化碳。隔绝空气加热，变成硫蒸气，冷却后变成微细结晶的粉末，称为硫华。

（二）硫的化学性质

1. 硫与金属反应

硫能和许多金属反应，生成金属硫化物。铜丝在硫蒸气里燃烧，生成黑色的硫化亚铜。

$$2Cu+S \xrightarrow{\triangle} Cu_2S$$

硫与铁反应时，生成黑色的硫化亚铁。

$$Fe+S \xrightarrow{\triangle} FeS$$

用湿布蘸上硫粉在银器上摩擦可使光亮的银器变黑。

$$2Ag+S \longrightarrow Ag_2S$$

2. 硫与非金属反应

硫具有还原性，能跟氧气发生反应生成二氧化硫。

$$S+O_2 \xrightarrow{点燃} SO_2$$

硫也具有氧化性，其蒸气能与氢气直接化合生成硫化氢气体。

$$S+H_2 \xrightarrow{\triangle} H_2S$$

硫的用途很广，主要用来制硫酸、硫化橡胶、黑色火药、火柴、杀虫剂等，在医药上，硫主要用来制硫黄软膏医治皮肤病。

二、硫化氢

自然界中存在有硫化氢。如在火山喷口的气体和某些矿泉中含有少量的硫化氢，这种泉水能治疗皮肤病。当有机物腐烂时，也有硫化氢产生。

硫化氢是无色、有臭鸡蛋气味的气体，密度比空气略大，有剧毒，是一种大气污染物。空气里如果含有微量的硫化氢，会引起头痛、眩晕，吸入较多量时，会引起中毒昏迷，甚至死亡。因此，制取和使用硫化氢时，应在通风橱中进行。

硫化氢能溶于水，在常温常压下，1体积水能溶解2.6体积的硫化氢气体。它的水溶液叫做氢硫酸，是一种弱酸，具有酸的通性。

硫化氢是一种可燃气体，在空气中燃烧时，可被氧化生成二氧化硫或硫。

$$2H_2S+3O_2 \xrightarrow[空气充足]{燃烧} 2H_2O+2SO_2 （发出淡蓝色火焰）$$

$$2H_2S+O_2 \xrightarrow[空气不充足]{燃烧} 2H_2O+2S$$

在实验室里，硫化氢通常是用硫化亚铁与稀盐酸或稀硫酸反应制取。

$$FeS+2HCl \longrightarrow FeCl_2+H_2S\uparrow$$

$$FeS+H_2SO_4 \longrightarrow FeSO_4+H_2S\uparrow$$

三、二氧化硫

二氧化硫是无色而有刺激性气味的有毒气体，也是常见的大气污染物，是产生酸雨的主要物质（酸雨的主要成分是硫酸）。密度比空气大，易溶于水，在常温常压下，1体积水能溶解40体积的二氧化硫。极易液化。

二氧化硫是酸性氧化物，它与水化合生成亚硫酸（H_2SO_3）。因此，二氧化硫又叫亚硫酸酐。

$$SO_2+H_2O \longrightarrow H_2SO_3$$

二氧化硫还具有漂白性，能与一些有机色素结合成无色化合物。因此，工业上常用它来漂白纸张、毛、丝等。但是日久以后漂白过的纸张等又逐渐恢复原来的颜色。这是因为二氧化硫与有机色素生成的无色化合物不稳定，发生分解所致。此外，二氧化硫还用于杀菌、消毒等。

在加热和催化剂（V_2O_5）作用下，二氧化硫被氧气所氧化，生成三氧化硫。

$$2SO_2+O_2 \xrightarrow[V_2O_5]{\triangle} 2SO_3$$

三氧化硫又称硫酐，遇水剧烈反应生成硫酸，同时放出大量的热。

四、硫酸

纯硫酸是无色的油状液体，市售浓硫酸的质量分数约 0.98，沸点 338℃，密度 1.84g/cm³。硫酸是一种难挥发的强酸。易溶于水，能以任意比例与水混溶，浓硫酸溶解时放出大量的热。稀硫酸和盐酸一样是非氧化性的酸，具有酸的通性，如能与金属、金属氧化物、碱类反应。浓硫酸则有以下特性。

1. 氧化性

在常温下，浓硫酸与铁、铝等金属接触，能使金属表面生成一层致密的氧化物薄膜，它可阻止内部金属继续与硫酸反应，因此，冷的浓硫酸可以用铁或铝制容器储存和运输，但是，在受热时浓硫酸不仅能够与铁、铝等起反应，而且能与大多数金属发生反应。例如：

$$2H_2SO_4(浓)+Cu \xrightarrow{\triangle} CuSO_4+2H_2O+SO_2\uparrow$$

加热时，浓硫酸还能与一些非金属起氧化还原反应。例如：

$$C+2H_2SO_4(浓) \xrightarrow{\triangle} CO_2\uparrow+2SO_2\uparrow+2H_2O$$

2. 吸水性和脱水性

浓硫酸具有强烈的吸水性，能吸收游离的水分子，故常被用作气体（不和硫酸起反应的，如氯气、氢气和二氧化碳等）的干燥剂。

浓硫酸还具有强烈的脱水性，能夺取许多有机化合物中与水组成相当的氢、氧原子，从而使有机物炭化。

浓硫酸对有机物有强烈的腐蚀性，如果皮肤沾上浓硫酸，会引起严重灼伤。若皮肤不慎沾上浓硫酸时，应立即用大量的水冲洗。

硫酸是重要的工业原料。可用它来制取盐酸、硝酸以及各种硫酸盐和农业上用化肥（如磷肥和氮肥）。硫酸还应用于生产农药、炸药、染料与石油和植物油的精炼等。

第四节　氮及其化合物

一、氮

氮气是空气的主要成分，同时氮也以化合态的形式存在于很多无机物和有机物中。工业上一般以空气为原料，将空气液化，利用液态氮的沸点比液态氧的沸点低，而加以分离来制备氮气。

纯净的氮气是无色无味的气体，比空气稍轻，在标准状况下，氮气密度为1.25g/L。氮气在水中的溶解度很小。

氮气的性质非常稳定，很难和其他物质发生化学反应。但在高温或放电条件下，氮分子获得了足够的能量，还是能与氢气、氧气、金属等物质发生化学反应。

$$N_2 + 3H_2 \xrightarrow[\text{催化剂}]{\text{高温、高压}} 2NH_3$$

这是一个可逆反应。工业上就是利用这个反应来合成氨的。

$$N_2 + O_2 \xrightarrow{\text{放电}} 2NO$$

在雷雨天气，大气中常有 NO 气体产生，进而转化为硝酸随雨水降到地面为植物利用，是土壤氮的重要来源。NO 和 NO_2 都是大气污染物。城市中其主要来源于汽车尾气。

氮气是合成氨和制造硝酸的原料。由于它的化学性质很稳定，常用来填充灯泡，防止灯泡中钨丝氧化，也可用作焊接金属的保护气以及利用氮气来保存水果、粮食等农副产品。液氮冷冻技术也应用在高科技领域，如某些超导材料就是在液氮处理下才获得超导性能的。

二、氨

氨是无色、有强烈刺激性气味的气体，比空气轻，在标准状况下，其密度为0.771g/L。易液化，在常压下冷却到 -33.8℃ 时凝成液体。气态氨凝结成无色液体，同时放出大量的热。液态氨汽化时要吸收大量的热而使它周围的温度急剧降低。因此，氨常用作制冷剂。氨极易溶于水，常温下，1 体积的水约可溶解 700 体积氨，形成氨水，氨在水中主要以水合物（$NH_3 \cdot H_2O$）存在。

氨水显弱碱性，能与酸反应。

【演示实验4-3】 取两根玻璃棒，分别蘸取浓氨水和浓盐酸，使两根玻璃棒靠近，观察发生的现象。

从实验可见，有大量的白烟产生。这白烟是氨水里挥发的氨和浓盐酸挥发的氯化氢反应生成的微小氯化铵晶体。

$$NH_3 + HCl \longrightarrow NH_4Cl$$

氨同样能与其他酸化合生成铵盐。

氨在空气中不能燃烧，但在纯氧中能燃烧生成 N_2 和 H_2O，同时产生黄色火焰。

$$4NH_3 + 3O_2 \xrightarrow{\text{燃烧}} 2N_2 + 6H_2O$$

在催化剂（铂）的作用下，氨与空气中的氧作用生成 NO。

$$4NH_3 + 5O_2 \xrightarrow[\triangle]{Pt} 4NO + 6H_2O$$

这个反应叫做氨的催化氧化（或叫接触氧化），是工业上制取硝酸的基础。

在实验室里常用铵盐和碱加热来制取氨。

$$2NH_4Cl + Ca(OH)_2 \xrightarrow{\triangle} CaCl_2 + 2NH_3\uparrow + 2H_2O$$

氨是一种重要的化工原料。它不仅用于制造氮肥，还用于制造硝酸、铵盐、纯碱等。氨也是尿素、纤维、塑料等有机合成工业的原料。

三、硝酸

纯硝酸是无色、易挥发、具有刺激性气味的液体，密度为 1.50g/mL，沸点为 83℃，凝固点为 -42℃。它能以任意比例与水混合。一般市售硝酸的质量分数为 65%～68%。98% 以上的浓硝酸由于挥发出来的 NO_2 遇到空气中的水蒸气，形成极微小的硝酸雾滴而产生出"发烟"现象，通常称为发烟硝酸。

硝酸是一种强酸，除了具有酸的通性以外，还有其特殊的化学性质。

1. 不稳定性

浓硝酸见光或受热易分解。

$$4HNO_3 \xrightarrow{\text{受热或光照}} 4NO_2\uparrow + O_2\uparrow + 2H_2O$$

硝酸越浓，就越容易分解。为了防止硝酸的分解，必须把它装在棕色瓶里，贮放在黑暗而且阴凉的地方。

2. 氧化性

硝酸是强氧化剂。一般地说，硝酸不论浓、稀均具有氧化性，它几乎能和所有的金属（金、铂等除外）和非金属发生氧化还原反应。

$$Cu + 4HNO_3(\text{浓}) \longrightarrow Cu(NO_3)_2 + 2NO_2\uparrow + 2H_2O$$
$$3Cu + 8HNO_3(\text{稀}) \longrightarrow 3Cu(NO_3)_2 + 2NO\uparrow + 4H_2O$$
$$3C + 4HNO_3 \longrightarrow 3CO_2 + 4NO\uparrow + 2H_2O$$

应当注意铁、铝等金属溶于稀 HNO_3，但遇冷浓 HNO_3 发生钝化现象，所以可以用铝或铁制容器盛装浓硝酸。

浓硝酸和浓盐酸的混合物（通常按体积比 1:3）叫做王水。其氧化能力比硝酸强，能溶解金、铂等贵重金属。

硝酸是重要的化工原料，是重要的"三酸"之一。它主要用于生产各种硝酸盐、氮肥、炸药等，还用来合成染料、药物、塑料等。硝酸也是常用的化学试剂。

第五节 硅及其化合物

在地壳中，硅的含量占地壳总质量的 27%，仅次于氧。在自然界中，不存在游离态的硅，它主要以二氧化硅和各种硅酸盐的形式存在。常见的砂子、玛瑙、水晶的主要成分是二氧化硅。硅也是构成矿物和岩石的主要元素。

一、硅

晶体硅是灰黑色、有金属光泽、硬而脆的固体。硅的熔点和沸点较高，硬度较大。硅的导电性能介于金属和绝缘体之间，是良好的半导体材料。

硅的化学性质不活泼，常温下，除氟（F_2）、氢氟酸（HF）和强碱溶液外，其他物质如氧气、氯气、硫酸和硝酸等都不与硅发生反应。但在加热条件下，硅能和一些非金属反应。例如把研细了的硅加热，它就燃烧生成二氧化硅，同时放出大量的热。

$$Si + O_2 \xrightarrow{\triangle} SiO_2$$

硅能与强碱作用生成硅酸盐和氢气。

$$Si + 2NaOH + H_2O \xrightarrow{\triangle} Na_2SiO_3 + 2H_2\uparrow$$

硅是良好的半导体材料。高纯度的硅在电子工业中用来制造半导体器件，集成电路元件，太阳能电池等。硅还用来制造合金。硅的合金也有广泛用途。如硅铁合金用作炼钢的脱氧剂；含硅4%的钢（俗称硅钢）有导磁性，可用来制造变压器的铁芯；含硅15%左右的钢有耐酸性，用来制造耐酸设备。

二、硅的化合物

（一）二氧化硅

二氧化硅（SiO_2）又称硅石，是一种坚硬难溶和难熔的固体，它以晶体和无定形两种形态存在。比较纯净的晶体叫做石英。无色透明的纯二氧化硅又叫做水晶。含有微量杂质的晶体通常有不同的颜色。如紫晶、墨晶、茶晶等。

无定形二氧化硅在自然界含量较少。硅藻土是无定形二氧化硅，它是死去的硅藻和其他微生物的遗体沉积而成的多孔、质轻、松软的固体物质。它的表面积很大，吸附能力较强，可以用作吸附剂和催化剂的载体以及保温材料等。

二氧化硅不溶于水，与大多数酸也不发生反应，但二氧化硅能与氢氟酸反应生成四氟化硅（SiF_4），所以不能用玻璃（含有SiO_2）器皿盛放氢氟酸。

$$SiO_2 + 4HF \longrightarrow SiF_4\uparrow + 2H_2O$$

二氧化硅是酸性氧化物，在较高温度下能与碱性氧化物或热的强碱反应。

二氧化硅的用途很广。较纯净的石英可用来制造普通玻璃和石英玻璃。石英玻璃能透过紫外线，能经受温度的剧变，可用来制造光学仪器和耐高温的化学仪器。此外，二氧化硅是制造水泥、陶瓷、光导纤维的重要原料。

硅酸有多种形式，其中常见的是偏硅酸（习惯上称为硅酸）。它不能用二氧化硅与水直接作用制得，可用可溶性硅酸盐与盐酸反应来制取。

硅酸是不溶于水的胶状沉淀，也是一种弱酸，其酸性比碳酸还弱。

各种硅酸的盐统称为硅酸盐。硅酸盐的种类很多，结构也很复杂，它是构成地壳岩石最主要的成分。通常用二氧化硅和金属氧化物的形式表示硅酸盐的组成。例如：

硅酸钠 $Na_2O \cdot SiO_2$（Na_2SiO_3）

滑石 $3MgO \cdot 4SiO_2 \cdot H_2O$[$Mg_3(Si_4O_{10})(OH)_2$]

石棉 $CaO \cdot 3MgO \cdot 4SiO_2$[$CaMg_3(SiO_3)_4$]

高岭土 $Al_2O_3 \cdot 2SiO_2 \cdot 2H_2O$[$Al_2Si_2O_5(OH)_4$]

许多硅酸盐难溶于水。可溶性硅酸盐中，最常见的是硅酸钠（Na_2SiO_3），俗称泡花碱，它的水溶液又叫水玻璃。水玻璃是无色或灰色的黏稠液体，是一种矿物胶。它不易燃烧和受腐蚀，在建筑工业上可用作胶黏剂等。浸过水玻璃的木材或织物的表面能形成防腐防火的表面层。水玻璃还可用作肥皂的填充剂，帮助发泡和防止体积缩小。

（二）硅酸盐

以硅酸盐等物质为主要原料制造水泥、玻璃、耐火材料、陶瓷、砖瓦等产品的工业叫做硅酸盐工业。它是国民经济的重要组成部分。下面介绍几个硅酸盐工业产品。

1. 水泥

普通硅酸盐水泥的主要原料是黏土和石灰石。先把各种原料破碎、碾成粉末，按比例混合，制成生料，在高温下煅烧生成水泥。

水泥、砂子和水的混合物叫做水泥砂浆。水泥、砂子和碎石按一定比例混合，经硬化后成为混凝土，常用来建造厂房、桥梁等大型建筑物。用混凝土建造建筑物时常用钢筋作骨架，使建筑物更加坚固，这叫做钢筋混凝土。

2. 玻璃

制造普通玻璃的主要原料是纯碱（Na_2CO_3）、石灰石（$CaCO_3$）和硅石（SiO_2）。把原料按比例混合破碎，经高温熔炼即可制成普通玻璃。

制造有色玻璃，一般是在原料中加入某些金属氧化物或盐类。例如，加入氧化钴（CoO）可得蓝色玻璃；加入二氧化锰（MnO_2）可得紫色玻璃。

把普通玻璃放入电炉中加热，使它软化，然后急速冷却，得到钢化玻璃。钢化玻璃强度比普通玻璃大 4~6 倍，不容易破碎。可以用来制造汽车或火车的车窗等。

玻璃还可以制成纤维，织成玻璃布或制成玻璃棉。它们具有较高的强度，可作隔热、电气绝缘材料等。

3. 陶瓷

陶瓷的主要原料是黏土。把黏土、长石和石英按一定比例配料，研成细粉，加水调匀，塑成各种形成的物品——坯。坯经烘干、煅烧后变成非常坚硬的物质，即是我们常用的瓦、盆、罐等陶器制品。若用纯黏土、长石和石英粉按一定比例混合塑成型，干燥后，在 1000℃ 煅烧成素瓷，经上釉，再加热至 1400℃ 高温即得瓷器。

4. 耐火材料

耐火材料是指能耐 1580℃ 以上的高温，并在高温下能耐气体、熔融炉渣、熔融金属等物质的腐蚀，且具有一定强度的材料。

耐火材料通常是根据其化学性质分为酸性耐火材料（如硅砖），中性耐火材料（如黏土砖、石墨砖），碱性耐火材料（如镁砖）。

耐火材料是现代工业的重要材料。如冶金工业中的高炉、平炉、电炉、热风炉，化学工业中的炼焦炉、煤气炉，建材及硅酸盐工业中的陶瓷窑、玻璃窑、石灰窑等都必须使用耐火材料。

5. 分子筛

某些含有结晶水的铝硅酸盐晶体，在其结构中有许多均匀的微孔隙和很大的内表面，因此它具有吸附某些分子的能力，是一种高效吸附剂。直径比孔隙小的分子能被它吸附；而直径比孔隙大的分子则被阻挡在孔隙外面，不被吸附。这样起着筛选分子的作用，故称为"分子筛"。

目前，分子筛的使用已成为现代生产中的一种新技术，广泛应用于石油、化工、冶金、电子、原子能、环境保护和农业等部门。

6. 光导纤维

自 20 世纪 70 年代以来,用光导纤维取代铜、铝金属导线进行光通信的研究蓬勃发展,现已进入实用阶段。

从高纯度的二氧化硅或石英玻璃熔融体中,拉出直径约 100μm(比头发略粗)的细丝,可作为光导纤维。

光导纤维一般由两层组成,里面一层称内芯,直径在几十微米,折射率较高;外面一层称包层,折射率较低。从光导纤维一端入射的光线,经内芯反复折射而传到末端,由于两层折射率的不同,使进入内芯的光始终保持在内芯中传输。光的传输距离与光导纤维的光损耗大小有关,光损耗小,传输距离就长。因此光纤制作的关键在于材料的纯度。为了减少光的损失,应尽可能制得高纯度、高均匀性和高透明度的光纤。

在实际使用时,常把千百根光导纤维组合在一起并加以增强处理,制成光缆,这样既增强了光导纤维的强度,又增大了通信容量。一根由 24 根芯光纤组成的光缆,可以传送相当于 6000 条电话线路的信息,而且可以同时传达 7 万人次的通话。用光缆代替通信电缆,可节省大量有色金属,每千米可节省铜 1.1t,铅 2~3t。光缆有重量小、体积小、结构紧密、绝缘性能好、寿命长、输送距离长、保密性好、成本低等优点。光纤通信与数字技术及计算机结合起来,可以用于传送声音、图像、数据,控制电子设备和智能终端等,起到部分取代通信卫星的作用。

光损耗较大的光导纤维适于制作各种人体内窥镜,为诊断一些疾病提供了更直接的手段。

本章小结

一、氯及其化合物

氯是非金属性很强的元素,具有很强的氧化性。氯气几乎能与所有金属化合,也能与大多数非金属化合,在常温下与水、强碱反应。氯气是重要的化工原料。

二、臭氧、过氧化氢

氧气吸收一定能量后可以转化为臭氧。臭氧的氧化能力比氧强,但稳定性较差,常用来漂白杀菌。过氧化氢俗称"双氧水",其稳定性较差,易分解成水和氧气,也有漂白杀菌能力。

三、硫及其化合物

(1) 硫与氧反应生成二氧化硫,二氧化硫与氧作用生成三氧化硫。它们的水溶液分别是亚硫酸和硫酸。亚硫酸是一种弱酸,不稳定,易分解为二氧化硫和水。硫与氢化合生成硫化氢。硫化氢的水溶液叫氢硫酸,是一种弱酸并具有还原性。

(2) 硫酸的稀溶液具有酸的通性。浓硫酸是一种高沸点、难挥发的强酸,具有吸水性、脱水性和强氧化性。

四、氮及其化合物

(1) 氮分子结构比较稳定,在常温下很不活泼,但在特定条件下,也能和氢、氧等起化学反应。

（2）氨的水溶液叫做氨水，呈弱碱性。
$$NH_3+H_2O \rightleftharpoons NH_3 \cdot H_2O \rightleftharpoons NH_4^+ +OH^-$$
（3）纯硝酸是无色液体，易挥发，是强酸。除具有酸类通性外，还有不稳定性和强氧化性。硝酸几乎能与所有金属（除 Au、Pt 等外）、非金属发生氧化还原反应。

五、硅及其化合物

（1）晶体硅是良好的半导体。自然界没有游离态的硅存在，硅多以硅石（SiO_2）和硅酸盐形式存在。二氧化硅属酸性氧化物，不溶于水，在高温条件下，能和碱、酸性氧化物反应生成盐。

（2）硅酸是弱酸，其酸性比碳酸还弱，可用硅酸钠与盐酸反应制得硅酸。硅胶可用来做吸附剂、干燥剂。

阅读材料一

海水的化学资源

海水占地球总水量的 94%，蕴藏着人类生活必不可少的食盐及其他化学资源。海水是人类的宝贵资源。

海水的化学资源是指海水中含有的具有经济价值的化学物质。作为地球上最大的连续矿体的海洋水体，其中已发现 80 余种化学元素。它们主要以简单离子和配位离子的形式存在，其中 NaCl 含量最高，其次为 $MgCl_2$、Na_2SO_4、$MgSO_4$、K_2SO_4 等。此外还含有溴、铷、碘、锌、铀等离子。在这些元素中，有的其含量虽然甚微，但由于海洋水体积巨大（约为 13.7 亿立方千米），所以在海水中的总量仍然很大。例如铀，1t 海水只含 0.0033g，而海洋中总铀量却有 45 亿吨。在海水化学资源的开发中，以盐类的提取量最大，世界年产量超过 0.5 亿吨，其中，中国的食盐产量居世界首位，占世界食盐总产量 30% 以上。1983 年产量为 1194 万吨。盐类在海水中的总重量为 5×10^8 亿吨，如果把这些盐平铺在陆地上，其厚度可达 150m。目前，人们已能直接从海水中提取稀有元素、化合物和核能物质（如从海水中提镁、溴、钾、铀和重水等），其中有的资源已进入工业化生产。

阅读材料二

大气污染

大气污染是指由于人类活动和自然过程使某些污染物质进入大气，在污染物的性质、浓度和持续时间等因素的综合影响下，降低了大气质量，危害了人们的健康舒适生活的现象。

大气污染物的种类多达 1500 种以上，其中排放量大、对人体和环境影响较大，已经受到人们注意的约有 100 余种。最主要的有：粉尘、二氧化硫、一氧化碳、氮氧化物和有机化合物（如烃）等。直接排放的烟尘和二氧化硫是产生硫酸烟雾的原料和催化剂；氮氧化物、一氧化碳和有机化合物等在阳光下可形成光化学烟雾。它们具有刺激性和腐蚀性，对呼吸系统和心血管系统有不良影响。有机化合物中还有一些致癌物。二氧化硫和氮氧化物等酸性物质还会使雨水的 pH 降低，形成酸雨。

1. 粉尘

粉尘是大气中危害最久、最严重的一种污染物。主要来自工业生产及人们生活中煤和石油燃烧时所产生的烟尘以及开矿选矿、金属冶炼、固体粉碎（如水泥、石料加工等）所产生的各种粉尘。粉尘按颗粒大小不同，又可分落尘和飘尘两种。

大气中粉尘的含量，因地区而异。一般城市的空气中含有粉尘 $2mg/m^3$。但在工业区，粉尘含量可达 $1000mg/m^3$。由于粉尘的比表面积大，可以吸附其他物质，所以可为其他物质提供催化作用的表面，而引起第二次污染。

大气中的粉尘对金属的腐蚀不可忽视。当粉尘落在金属表面上时，因为粉尘具有毛细管凝聚作用，在有粉尘的地方，特别容易结露，创造了电化学腐蚀的条件，使得金属容易受到腐蚀。

2. 光化学烟雾

光化学烟雾是一种带刺激性的淡蓝色烟雾，属于大气中二次污染物。这种烟雾最早发生于美国洛杉矶，故又称为洛杉矶烟雾。光化学烟雾的形成，主要是大气污染物二氧化氮，在太阳光的紫外线照射下，释放出高能量的氧原子与大气污染物——烃类化合物形成一系列新的化合物。其中主要有过氧乙酰基硝酸酯（PAN）、臭氧、高活性自由基、醛（甲醛、丙烯醛等）和酮类化合物等。光化学烟雾具有很强的氧化能力，属于氧化型烟雾。造成光化学烟雾的主要原因是大量汽车废气或某些化学工业废气，多发生于阳光充足而温暖的夏、秋季节。

1946 年，美国西部洛杉矶出现了一种奇怪的现象，人们眼睛发涩变红，胸痛胸闷，咳嗽不止，这就是洛杉矶光化学烟雾事件。这种烟雾事件除了在美国、日本多次发生外，苏联、加拿大、墨西哥等许多国家都曾发生过。1974 年我国兰州地区也曾出现过这种光化学烟雾。

光化学烟雾对人、牲畜、农作物和工业产品、建筑物等，都有危害作用。这种烟雾可使人眼、鼻、气管、肺黏膜受到反复刺激，出现流眼泪、眼发红（红眼病）、手足抽搐，以致血压下降、昏迷不醒。长期慢性伤害，可引起肺机能衰退，引发支气管炎、肺癌等。光化学烟雾对农作物的危害也很严重。它能使植物叶片褪绿或产生病斑和叶面坏死等症状，进而使植物组织机能衰退，出现不正常的落叶、落花、落果。对果树、蔬菜、烟草的危害也很大，一夜之间可使一个城区的菠菜全部变色。光化学烟雾有特殊的臭味，可使环境的能见度降低。在夏季光照强烈、气候炎热时，光化学烟雾一般比冬季重。

3. 酸雨

顾名思义，酸雨就是雨水显酸性。目前，一般把 pH 小于 5.6 的雨水称作酸雨。

在一些大气污染严重的地方，每当雾雨交加时，人们觉得眼睛好像洒了肥皂水那样难受，鼻子和喉咙也感到不适，甚至尼龙衣袜也会被雨水淋出一个个窟窿来，雨水中为什么会有酸？原来城市和工矿区燃烧的各种燃料，如煤和油，除含有大量二氧化硫、氮氧化物外，还含有相当数量的未燃尽的碳、硅和金属离子，如钙、铁、钒等金属离子。它们在大气层里，由于水蒸气的存在并经氧化作用，使硫氧化物、氮氧化物生成硫酸、硝酸和盐酸液沫，在特定条件下，随同雨水降落下来而成为人们所说的酸雨。

　　酸雨成分比较复杂，国外把酸雨称为"空中死神"，它使土壤酸化，植被破坏。酸雨还使地面水和地下水酸化，影响水生生物的生长，严重的会使水体"死亡"，水生生物绝迹。酸雨对人体健康也有危害，酸雨特别是形成硫酸雾的情况下，其微粒侵入人体肺部，可引起肺水肿和肺硬化等疾病而导致死亡。很多国家由于酸雨的影响，地下水中的铅、铜、锌、镉的浓度已上升到正常值的10～20倍。酸雨的腐蚀力很强，大大加速了金属、纺织物、皮革、纸张、涂料、橡胶等的腐蚀速度。不少艺术珍品被腐蚀得面目全非，在地中海沿岸的历史名城雅典，保存着许多古希腊时代遗留下来的金属和石雕像，近年来已被慢慢腐蚀。

习　题

1. 下列说法正确的是_____。
  A. Cl^- 和 Cl_2 都是氯元素　　　　B. Cl_2 有毒，Cl^- 也有毒
  C. Cl^- 离子半径比 Cl 原子半径大　D. Cl_2 和 Cl 原子都呈黄色

2. 下列物质中含有 Cl^- 的是_____。
  A. 液氯　　　　　　　　　　B. $KClO_3$ 溶液
  C. HCl 气体　　　　　　　　D. $NaCl$ 晶体

3. 下列各组物质在一定条件下反应，其中生成+3价铁盐的是_____。
  A. 铁和稀硫酸　　　　　　　B. 铁和氯化铜溶液
  C. 铁和氯气　　　　　　　　D. 铁和氧气

4. 下列物质中，能起漂白的作用的是_____。
  A. Cl_2　　B. Cl^-　　C. HCl　　D. $HClO$

5. 下列物质中与其他几种漂白原理不同的是_____。
  A. Na_2O_2　　B. $HClO$　　C. H_2O_2　　D. SO_2

6. 下列物质中，属于同素异形体的是_____。
  A. O_2 和 O_3　　　　　　　　　B. H_2O 和 H_2O_2
  C. ^{35}Cl 和 ^{37}Cl　　　　　　　　D. CO 和 CO_2

7. 浓硫酸能使木材变黑，这主要是因为浓硫酸具有_____。
  A. 酸性　　B. 脱水性　　C. 吸水性　　D. 氧化性

8. 为什么干燥的氯气不能使有色布条褪色？

9. 漂白粉的主要成分是什么？漂白粉长期放置在空气中是否会失效？写出有关的化学方程式。

10. 实验室如何储存硝酸？为什么？

11. 硅酸能否用二氧化硅和水作用制得？应怎样制取硅酸？写出化学方程式。

12. 21.4g氯化铵跟过量的碱石灰反应，在标准状态下能生成氨气多少升？

13. 现有稀硫酸、稀盐酸、硫酸钠、碳酸钠四种无色溶液，试用化学方法将它们检验出来，写出有关的化学方程式。

14. 把铜片放在下列各种酸中各有什么现象发生？能起反应的写出有关的化学方程式，不能起反应的说明理由。

A. 浓盐酸　　B. 浓硫酸　　C. 稀硫酸　　D. 浓硝酸　　E. 稀硝酸

15. 19.2g 铜跟足量的稀硝酸反应，在标准状况下能生成一氧化氮气体多少升？

16. 在标准状况下，500mL 含 O_3 的氧气，如果其中的 O_3 完全分解，体积变为 520mL，求原混合气体中 O_2 与 O_3 的体积各是多少？

第五章
化学反应速率　化学平衡

学习目标

理解和掌握化学反应速率的概念、化学平衡的概念及化学平衡的表达式。掌握各种因素对反应速率和化学平衡的影响及在生产实践中的应用。

化学反应的进行涉及两个问题，一是反应进行的快慢，即化学反应速率问题；二是通过化学反应有多少反应物转化为生成物，即化学反应进行的程度，也就是化学平衡问题。掌握了化学反应速率和化学平衡的规律，就可以根据需要，采取适当的措施，使反应加快或减慢，也可以使反应物尽可能多地被利用。

第一节　化学反应速率

不同化学反应进行的快慢有很大差别。如火药爆炸、酸碱中和等化学反应，瞬间即可完成；但有的反应则进行得十分缓慢，如钢铁的生锈、塑料的老化等，很长时间才能完成；而煤和石油的形成，需要数亿万年的变化才能实现。如何使有用的化学反应进行得比较快，而使无用或有害的化学反应进行得尽量慢呢？这些都涉及化学反应速率问题。

一、反应速率的表示方法

对于某些化学反应，随着反应的进行，反应物浓度不断减小，生成物浓度不断增大。如铁在硫酸铜溶液中反应，可以看到硫酸铜的颜色不断变浅，而析出的铜不断增加。通常用单位时间内反应物浓度的减少或生成物浓度的增大来表示化学反应速率（用符号 v 表示）。时间单位可用秒、分、时（分别用符号 s、min、h 表示），浓度单位为 mol/L，反应速率的单位为 mol/(L·s) 或 mol/(L·min) 或 mol/(L·h)。

二、影响化学反应速率的因素

不同化学反应，反应速率不一定相同。反应速率首先决定于反应物的性质，例如，钠和水反应，常温下反应很剧烈，而镁和水则需要加热才能反应。其次，浓度、压力、温度、催化剂等外界条件对反应速率也有影响。

（一）浓度对反应速率的影响

将带有余烬的火柴插入盛有纯氧气的试管中，火柴复燃，而带有余烬的火柴放在空气中将熄灭。因为空气中氧气少。

大量实验证明，当其他条件都相同时，增大反应物的浓度，会加快反应速率；而降低反应物的浓度，会减慢反应速率。

（二）压力对反应速率的影响

对于有气态物质参加的反应，压力影响该反应的速率。增大压力，气体的体积减小，气体的浓度增大，因此，对于有气体物质参加的反应，增大压力，反应速率加快。降低压力，反应速率减慢。

参加反应的物质是固体或溶液时，由于压力的变化对它们的体积改变极小，浓度变化也很小，因此压力对它们的反应速率影响很小，可以忽略。所以压力只对有气体参加的反应的反应速率有影响。

（三）温度对反应速率的影响

【演示实验 5-1】 在烧杯中加入少量蒸馏水，并加数滴酚酞，取一段镁条，用砂纸擦去其表面的氧化物，然后投入试管中，观察有无反应发生。将烧杯置于酒精灯上加热，观察反应情况。

$$Mg + 2H_2O(沸) \longrightarrow Mg(OH)_2 + H_2 \uparrow$$

实验表明，在冷水中没有现象，说明不反应，加热后出现红色并产生氢气，说明发生了反应。

温度对化学反应速率的影响特别显著。又比如氢气和氧气在室温下作用极其缓慢，以致长时间看不出反应。如果温度升高到 600℃，它们立即化合生成水。一般来说，在其他条件不变的情况下，升高温度，化学反应速率增大。温度每升高 10℃，反应速率大约增加 2~4 倍。

（四）催化剂对反应速率的影响

凡能改变反应速率而它本身的组成、质量和化学性质在反应前后保持不变的物质，称为催化剂。有催化剂参加的反应叫催化反应。催化剂在化学反应中所起的作用叫催化作用。

通常，能加快反应速率的催化剂叫正催化剂，能减慢反应速率的催化剂叫负催化剂。如橡胶和塑料制品中的防老化剂，就是负催化剂。

催化作用在化工生产中具有十分重要的意义。例如，二氧化硫和氧气的反应，即使在较高温度下，反应速率仍然十分缓慢，在工业上没有实用价值，但当加入五氧化二钒作催化剂，则使反应速率大大加快。

应该注意，催化剂只能改变反应速率，但不能使不发生反应的物质之间发生反应，也不能提高反应收率。

影响反应速率的因素很多，除温度、浓度、压力、催化剂外，还有光、超声波、激光、放射线、电磁波、固体表面积等也可以影响反应速率。例如，光照能使溴化银很快分解析出银，这个原理应用在照相术上。锌粉与盐酸反应比锌粒与盐酸反应要快得多。

第二节　化学平衡

一、可逆反应

各种化学反应中，反应物转化为生成物的程度各有不同。有些反应几乎能进行到底，这类反应的反应物实际上全部转化为生成物，如 $KClO_3$ 的分解反应：

$$2KClO_3 \xrightarrow[\triangle]{MnO_2} 2KCl + 3O_2 \uparrow$$

像这种实际上只能向一个方向进行"到底"的反应叫做不可逆反应。

但是，大多数化学反应都是可逆的。在密闭的容器中，一定的温度下，H_2 和 I_2 反应生成气态的 HI。

$$H_2 + I_2 \longrightarrow 2HI$$

在同样的条件下，气态的 HI 也能分解成 H_2 和 I_2。

$$2HI \longrightarrow H_2 + I_2$$

这两个反应同时发生，并且方向相反，可以写成如下形式：

$$H_2 + I_2 \rightleftharpoons 2HI$$

这种在同一条件下，既能向正方向又能向反方向进行的反应叫可逆反应，用"$\rightleftharpoons$"来代替反应方程式中的"$\longrightarrow$"。习惯上，把从左向右进行的反应叫正反应；从右向左的反应叫做逆反应。

二、化学平衡

可逆反应的特点是反应不能进行到底，即反应物和生成物同时存在。例如，在密闭的容器中，把等量的 $H_2(g)$ 和 $I_2(g)$ 混合。

$$H_2(g) + I_2(g) \rightleftharpoons 2HI(g)$$

当反应开始时，$H_2(g)$ 和 $I_2(g)$ 的浓度最大，因此它们生成的 HI(g) 的正反应速率最大；而 HI(g) 的浓度为零，因而它分解成 $H_2(g)$ 和 $I_2(g)$ 的逆反应速率也为零。以后，随着反应的进行，反应物 $H_2(g)$ 和 $I_2(g)$ 的浓度逐渐减少，正反应速率就逐渐减小，生成物 HI(g) 的浓度逐渐增大，逆反应速率就逐渐增大，当反应进行到一定的时候，正反应速率和逆反应速率就会相等。此时反应物和生成物的浓度都不再随时间而变化。

在一定的条件下，可逆反应进行到正反应速率和逆反应速率相等时的状态，叫化学平衡状态，也叫化学平衡。化学平衡的特征是：在外界条件不变时，反应体系中各物质的浓度不随时间的改变而改变。需要指出的是：化学平衡是一个动态平衡。反应达到平衡时，正逆反应仍继续在进行，只是正、逆反应速率相等，因而反应物、生成物的浓度不再变化。即反应混合物中各组分的含量保持不变。

三、平衡常数

大量实验证明，在一定温度下，任何可逆反应：

$$mA + nB \rightleftharpoons pC + qD$$

达到化学平衡时，生成物浓度（以生成物化学式系数为指数）的乘积与反应物浓度（以反应物化学式系数为指数）的乘积之比值是一个常数。这个常数叫做化学平衡常数，简称平衡常数。平衡常数的表达式为：

$$K = \frac{[C]^p[D]^q}{[A]^m[B]^n}$$

K 称为浓度平衡常数；[ ] 表示物质平衡时的物质的量浓度。

注意，在平衡常数表达式中，不包括固体物质或纯液体，只包括气体和溶液的浓度。例如：

$$CaCO_3(s) \rightleftharpoons CaO(s) + CO_2(g)$$

$$K = [CO_2]$$

平衡常数是可逆反应的特征常数，它表示在一定温度下，可逆反应进行的程度。K 值愈大，表明在一定温度下反应物转化为生成物的程度愈大；反之，K 值愈小，表明反应物转化为生成物的程度越小。所以，从 K 值的大小，可以推断正反应完成的程度。

平衡常数与温度有关，即温度一定，而浓度变化时，平衡常数不变。但温度改变时，平衡常数将发生变化。

第三节　化学平衡的移动

化学平衡是在一定条件下建立的，是相对的、暂时的。如果浓度、温度等外界条件改变，平衡就会被破坏，正、逆反应速率不再相等，可逆反应由暂时的平衡变为不平衡。随着反应的进行，在一定条件下，正、逆反应速率再度达到相等的时候，又建立起新的平衡。因外界条件的改变，使可逆反应由原来的平衡状态转变到新的平衡状态的过程，叫做化学平衡的移动。新平衡状态下体系中各物质的浓度，已不同于原平衡状态下的浓度。

一、化学平衡移动原理

（一）浓度对化学平衡的影响

【演示实验 5-2】 在一个小烧杯里加入 10mL 0.01mol/L 的 $FeCl_3$ 溶液和 10mL 0.01mol/L KSCN 溶液，摇匀。由于生成$Fe(SCN)_3$，使溶液呈红色。

$$FeCl_3 + 3KSCN \rightleftharpoons Fe(SCN)_3 + 3KCl$$

将上述溶液平均分到 3 支试管里，往第 1 支试管里加几滴 1mol/L 的 $FeCl_3$ 溶液，第 2 支试管中加入几滴 1mol/L 的 KSCN 溶液。然后充分振荡，跟第 3 支试管相比较，观察这 2 支试管中溶液颜色的变化。

从上面实验可知，第一份和第二份，红色加深。

通过大量实验证明，当其他条件不变时，增大反应物浓度或减小生成物浓度，都可以使平衡向正方向移动；增大生成物浓度或减小反应物浓度，则平衡向逆方向移动。

（二）压力对化学平衡的影响

【**演示实验 5-3**】 用注射器吸入 NO_2 和 N_2O_4 的混合气体后，将细管端用橡皮塞加以封闭。NO_2（棕红色）和 N_2O_4（无色）在一定条件下，处于平衡状态。

$$2NO_2(g) \rightleftharpoons N_2O_4(g)$$
$$\text{（棕红色）} \quad \text{（无色）}$$

观察推拉注射器活塞时，管中的颜色变化。

将针管活塞往外拉时，管内体积增大，气体压力减小，混合气体颜色逐渐变深。这时平衡向逆方向移动，即向气体物质的量增大、也就是气体体积增大的方向移动。如把注射器的活塞往里压时，管内体积减小，气体压力增大，平衡向正方向移动，即向气体物质的量减小、也就是向气体体积减小的方向移动，而使混合气体的颜色变浅。

大量实验证明：对于反应前后气态物质的总体积不相等的平衡体系，在其他条件不变的情况下，增大压力会使化学平衡向着气体体积总数减小的方向移动；减小压力，会使平衡向着气体体积总数增大的方向移动。

有些可逆反应，反应前后气态物质的总体积没有发生变化，例如：

$$CO(g) + H_2O(g) \rightleftharpoons H_2(g) + CO_2(g)$$

增大或减小压力，不能使化学平衡发生移动。

没有气体参加的可逆反应，由于压力对体积的影响极小，故改变压力，平衡几乎不移动。

（三）温度对化学平衡的影响

化学反应普遍伴随着热量的变化。凡释放热量的反应叫做放热反应；吸收热量的反应叫做吸热反应。可逆反应的正反应是吸热的，则其逆反应必然是放热的，反之亦然，且热值是相同的。

【**演示实验 5-4**】 将 NO_2 平衡仪的两端分别置于盛有冷水和热水的烧杯内（图 5-1），观察气体颜色的变化。

从实验可见，热水中混合气体的颜色变深，说明升高温度，平衡向 NO_2 浓度增大的方向（吸热反应方向）移动；冷水中混合气体的颜色变浅，说明降低温度，平衡向 N_2O_4 浓度增大的方向（放热反应方向）移动。

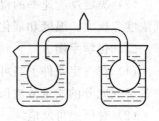

图 5-1 NO_2 平衡仪

$$2NO_2 \rightleftharpoons N_2O_4 + Q$$
$$\text{（红棕色）} \quad \text{（无色）}$$

由此可见，可逆反应达到平衡后，若其他条件不变，温度升高，平衡向吸热反应的方向移动；温度降低，平衡向放热反应的方向移动。

催化剂对化学平衡的移动没有影响。但是，能大大缩短反应达到平衡所需要的时间。因此，在化工生产中，广泛应用催化剂。

浓度、压力、温度等条件对平衡移动的影响，可以概括成一个原理：当可逆反应达平衡后，如果改变影响平衡的条件之一，如温度、浓度或压力，平衡就向能减弱这种改变的方向移动。这个原理称勒夏特列（Le chatelier，法国化学家）原理，也叫做平衡移

二、化学反应速率和化学平衡移动原理在化工生产中的应用

在化工生产中，常常需要综合考虑化学反应速率和化学平衡两方面的因素来选择最适宜的反应条件。例如合成氨：

$$N_2(g)+3H_2(g)\rightleftharpoons 2NH_3(g)$$

该反应是一个由气体参加的可逆反应，正反应是放热反应。

根据化学反应速率和化学平衡原理，降低生成物的浓度或增加反应物的浓度都有利于平衡向正反应方向移动。在实际生产中要随时把生成的氨气从混合气体中分离出来，并且不断地向循环气体中补充氮气和氢气。增大压力可得到更多的氨气，也有利于加快反应速率。但压力越大，所需动力大，对材料的强度、设备的制造及工人操作水平等要求也越高，因此压力不能无限制地增大（一般合成氨厂采用的压力是20～50MPa）。合成氨反应是放热的可逆反应，温度降低，有利于平衡向合成氨的方向移动。但是，温度低，反应速率就不高，需要很长的时间才能达到平衡，这在工业生产上是很不经济的，因此应选择适当的温度。在实际生产中，合成氨反应所选择的最适宜温度为450℃左右，主要是考虑所选的以铁为主体的多成分催化剂在这个温度时活性最大，催化效果最佳。

本章小结

一、化学反应速率

（1）化学反应速率是表示反应进行的快慢的量，它可以用单位时间内反应物的消耗或生成物产生的多少来表示。

（2）决定反应速率的根本因素是反应物的本性。对同一反应来说，其反应速率还受到浓度、压力、温度和催化剂等外界因素的影响。

二、化学平衡

（1）在一定条件下当可逆反应 $v(正)=v(逆)$ 时，反应达到平衡。此时反应混合物中各组成成分的质量分数保持不变，但可逆反应仍在进行。

（2）对可逆可反应　　　　　$mA+nB \rightleftharpoons pC+qD$

$$K=\frac{[C]^p[D]^q}{[A]^m[B]^n}$$

达到平衡时，上式中各物质的浓度是指气体或溶液，不含固体或纯液体。K 是该反应的平衡常数，它随温度不同而改变。

平衡常数的大小可以表示反应进行的程度。K 值越大，说明正反应进行得越彻底。

三、化学平衡的移动

（1）化学平衡属于动态平衡，当外界条件发生改变时，平衡被破坏并发生移动。影响平衡移动的因素有浓度、压力和温度等。

（2）化学平衡移动原理：如果改变平衡的一个条件如浓度、压力、温度，平衡就向

能削弱这个改变的方向移动。

阅读材料

生物催化剂

生物催化剂的研发，是一项科技含量很高的生物工程技术。自20世纪90年代以来，毒副作用小、生物利用度高的手性药物发展极其迅速，市场年销售额已超过百亿美元。与此同时，生产手性药物必不可少的生物催化剂也迅速崛起，成为一项充满活力的新兴高科技产业。在市场需求的推动下，品种繁多的新型生物催化剂应运而生，并已大量用于生产抗生素、氨基酸、手性胺等一系列重要原料药产品。

全球正在研制开发的约1200种新药中，有近820种为手性药物。这些手性药物一旦正式投产，必定要消耗大量的生物催化剂。故此，在新药开发的同时，研制与之配套的新型生物催化剂，已成为国际制药工业界共同关注的热点。可以断言，如果没有新型的生物催化剂，手性药物新品种的商业化生产也只能是空想。由此可知，世界生物催化剂市场的发展前景看好。

目前，全球生物催化剂市场虽然仅占世界工业酶市场一小部分，但其迅猛发展的势头不容小觑。走在世界知识经济前列的美国工业界，正在投入大量人力、物力、财力，研制开发新型生物催化剂品种，适应制药工业的需求，以便在21世纪牢牢占据全球手性药物生产及市场的主动权。我国在生物催化剂生产领域虽然处于初始阶段，但除跟踪国际先进技术外，在自主创新方面也已取得突出成效。相信随着我国制药工业的快速发展，不久的将来我国的生物催化剂产业，即可赶上世界先进水平。

习 题

1. 决定反应速率大小的主要因素是_____。
2. 化学反应速率通常用单位时间内_____来表示。
3. 压力对反应速率的影响，实质上是_____的影响。
4. 为什么食品放入冰箱中，可延长其保鲜期？
5. 化学平衡状态有哪些特征？某反应处于平衡状态时，下列有关化学平衡的叙述是否正确？将错误的加以改正。
   (1) 正反应速率等于逆反应速率并等于零
   (2) 各成分的质量分数相等
   (3) 反应物、生成物的浓度不再变化，所以反应停止了
   (4) 在同一瞬间反应物变为生成物的分子数和生成物变为反应物的分子数相等。
6. 写出下列可逆反应平衡常数的表达式。
   (1) $2NO(g) + O_2(g) \rightleftharpoons 2NO_2(g)$
   (2) $CaCO_3(s) \rightleftharpoons CaO(s) + CO_2(g)$
   (3) $Fe_3O_4(s) + 4CO(g) \rightleftharpoons 3Fe(s) + 4CO_2(g)$

(4) $C(s) + H_2O(g) \rightleftharpoons CO(g) + H_2(g)$

7. 已知某温度下，反应 $2A \rightleftharpoons B+C$ 达到平衡，试填充如下各项。

(1) 若升高温度，已知平衡向正反应方向移动，则正反应是_____热反应。

(2) 若A为气态，增大压力，平衡不发生移动，则B是_____态，C是_____态。

(3) 若增加或减少B物质的量，平衡都不发生移动，则B是_____态，或是_____态。

(4) 若B为固态，减少压力，平衡向逆反应方向移动，则A是_____态。

8. 当反应 $2NO(g) + O_2(g) \rightleftharpoons 2NO_2(g)$（正反应为放热反应）达到平衡时，在下列情况下，平衡向哪个方向移动？

(1) 压缩体积　(2) 增大 O_2 的浓度　(3) 减小 NO_2 的浓度　(4) 升高温度

9. 当反应 $2SO_2(g) + O_2(g) \rightleftharpoons 2SO_3(g)$（正反应为放热反应）达到平衡时，在下列情况下，平衡向哪个方向移动？

(1) 增大体系压力　(2) 加入 O_2　(3) 使用催化剂　(4) 升高温度

(5) 延长反应时间

10. 试填充下表。

改变反应条件	反应速率变化	化学平衡移动方向
增大反应物浓度		
增大压力(有气体物质)		
升高温度		
使用催化剂		

第六章
电解质溶液

学习目标

掌握强弱电解质的概念。理解弱电解质的电离平衡，溶液的酸碱性和pH。正确书写离子方程式。理解盐类的水解及盐类水溶液的酸碱性。了解氧化还原反应和电化学的联系。理解原电池与电解池的原理。了解电解池的应用。

第一节　强电解质与弱电解质

一、电解质的强弱

在水溶液里或熔融状态下能够导电的化合物叫做电解质，而不能导电的化合物叫做非电解质。酸、碱、盐都是电解质，它们在水溶液中或熔融状态下能电离出自由移动的离子，因而都能导电。而绝大多数有机物如蔗糖、酒精、甘油等物质都是非电解质。

不同的电解质它们的导电的能力是否一样呢？

【演示实验 6-1】　按图 6-1 连接烧杯中的电极、灯泡和电源。分别用体积相同，浓度都是 0.5mol/L 的盐酸（HCl）、醋酸（CH_3COOH）、氢氧化钠（NaOH）、氨水（$NH_3 \cdot H_2O$）、氯化钠（NaCl）溶液试验其各自的导电性能。

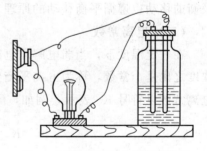

图 6-1　实验物质导电性能的装置

实验结果表明：通过 CH_3COOH 和 $NH_3 \cdot H_2O$ 的灯泡较暗，而通过 HCl、NaOH 和 NaCl 的灯泡较亮。说明体积和浓度相同的不同电解质水溶液在相同条件下的导电能力是不相同的。HCl、NaOH 和 NaCl 的导电能力强，而 CH_3COOH 和 $NH_3 \cdot H_2O$ 的导电能力弱。

电解质溶液之所以能导电，是由于溶液中有能够自由移动的离子存在，溶液导电能力的强弱与溶液中能够自由移动的离子数目有关，即同浓度的溶液中离子数目越多，其导电能力越强；反之，越弱。这也说明，电解质在溶液中电离程度是不相同的。

根据电解质在水溶液中电离程度的大小，可将电解质相对地分为强电解质和弱电解质。

在水溶液中能完全电离成离子的电解质称为强电解质。强碱、强酸和大多数的盐都是强电解质。

强电解质的电离方程式用单向箭头"$\longrightarrow$"表示它完全电离成离子。例如：

$$NaOH \longrightarrow Na^+ + OH^-$$
$$NaCl \longrightarrow Na^+ + Cl^-$$
$$H_2SO_4 \longrightarrow 2H^+ + SO_4^{2-}$$

在水溶液中只能部分电离的电解质称为弱电解质。弱酸（CH_3COOH、HCN、H_2CO_3 等）、弱碱（$NH_3 \cdot H_2O$ 等）和水都是弱电解质。这类化合物在水中的电离过程是可逆的。在它们的水溶液中既有离子，又有分子。

弱电解质的电离式用"$\rightleftharpoons$"表示其部分电离。

$$CH_3COOH \rightleftharpoons CH_3COO^- + H^+$$
$$HCN \rightleftharpoons H^+ + CN^-$$
$$NH_3 \cdot H_2O \rightleftharpoons NH_4^+ + OH^-$$

二、弱电解质的电离平衡

（一）电离平衡

弱电解质在水溶液中的电离是一个可逆的过程。

在一定条件下，当电解质分子电离成离子的速率等于离子结合成分子的速率时，未电离的分子和离子间就建立起动态平衡。这种平衡称作电离平衡。电离平衡是化学平衡的一种，也是动态平衡。当外界条件改变时，弱电解质的电离平衡也会发生移动，电离平衡的移动也遵循平衡移动的原理。

（二）电离常数

在一定温度下，当弱电解质电离达到动态平衡时，离子浓度的乘积与未电离的分子浓度之比是个常数，称为电离平衡常数。简称电离常数，用符号"K_i"表示。弱酸的电离常数以符号 K_a 表示，例如，醋酸的电离常数表示为：

$$K_a = \frac{[H^+][CH_3COO^-]}{[CH_3COOH]}$$

弱碱的电离常数以符号 K_b 表示，例如氨水的电离常数表示为：

$$K_b = \frac{[NH_4^+][OH^-]}{[NH_3 \cdot H_2O]}$$

在一定的温度下，每种弱电解质都有其确定的电离常数值，可由实验测定。一些常见弱电解质在 25℃时的电离常数见表 6-1。对同类型、同浓度的弱电解质而言，电离常数愈大，说明电离达到平衡时，溶液中离子的浓度愈大，弱电解质的电离能力愈强；反之，电离常数愈小，表示其电离能力愈弱。例如 25℃时，$K_{HCN} = 6.2 \times 10^{-10}$，$K_{CH_3COOH} = 1.8 \times 10^{-5}$，所以氢氰酸是比醋酸更弱的酸。

表 6-1　25℃时，常见的几种弱电解质的电离常数 K_i

弱电解质	电离方程式	电离常数 K_i
醋酸	$CH_3COOH \rightleftharpoons CH_3COO^- + H^+$	1.76×10^{-5}
氢氰酸	$HCN \rightleftharpoons H^+ + CN^-$	6.2×10^{-10}
氢氟酸	$HF \rightleftharpoons H^+ + F^-$	3.5×10^{-4}
次氯酸	$HClO \rightleftharpoons H^+ + ClO^-$	2.95×10^{-8}
亚硝酸	$HNO_2 \rightleftharpoons H^+ + NO_2^-$	4.5×10^{-4}
氢硫酸	$H_2S \rightleftharpoons H^+ + HS^-$	$K_1 = 9.1 \times 10^{-8}$
	$HS^- \rightleftharpoons H^+ + S^{2-}$	$K_2 = 1.1 \times 10^{-12}$
碳酸	$H_2CO_3 \rightleftharpoons H^+ + HCO_3^-$	$K_1 = 4.2 \times 10^{-7}$
	$HCO_3^- \rightleftharpoons H^+ + CO_3^{2-}$	$K_2 = 5.6 \times 10^{-11}$
氨水	$NH_3 \cdot H_2O \rightleftharpoons NH_4^+ + OH^-$	1.8×10^{-5}

电离常数不随浓度而改变，随温度变化而变化，但变化不显著，一般不影响其数量级。所以在常温下，研究电离平衡，可不考虑温度对 K_i 的影响。

第二节　水的电离和溶液的 pH

研究电解质溶液会涉及溶液的酸碱性，而溶液的酸碱性又与水的电离有直接关系。要从本质上认识溶液的酸碱性，首先应研究水的电离。

一、水的离子积常数

根据精确的实验证明：纯水是一种极弱电解质，它能微弱地电离。

$$H_2O \rightleftharpoons H^+ + OH^-$$

当达电离平衡时，$[H^+]$ 和 $[OH^-]$ 都等于 1×10^{-7} mol/L，它们的乘积是一个常数。

$$K_w = [H^+][OH^-] = 1 \times 10^{-7} \times 1 \times 10^{-7} = 1 \times 10^{-14}$$

上式表明，在一定温度下，纯水中 H^+ 浓度和 OH^- 浓度的乘积是一个常数。这个常数称为水的离子积常数，简称水的离子积。符号为 K_w。水的离子积会随温度的变化而变化，但在室温附近变化很小，一般都以 $K_w = 1 \times 10^{-14}$ 进行计算。

二、溶液的酸碱性和 pH

实验证明，水的离子积不仅适用于纯水，也同样适用于其他较稀的电解质溶液。无论是酸性、碱性或中性，H^+ 和 OH^- 总是共存的，不同的是，酸性溶液 H^+ 的浓度比 OH^- 大，碱性溶液 OH^- 的浓度比 H^+ 大，在中性溶液中 H^+ 和 OH^- 的浓度相等。总之，无论溶液是酸性、碱性或中性，在常温时，$[H^+]$ 和 $[OH^-]$ 的乘积都等于 1×10^{-14}。

因此可用氢离子浓度表示各种溶液的酸碱性。$[H^+]$ 越大，溶液的酸性越强，反之，酸性越弱；$[H^+]$ 越小，溶液的碱性越强，反之，则碱性越弱。

中性溶液　　　　　　　$[H^+] = [OH^-] = 1 \times 10^{-7}$

酸性溶液　　　　　　　$[H^+] > [OH^-]$　$[H^+] > 1 \times 10^{-7}$

碱性溶液　　　　　　　$[H^+]<[OH^-]$　$[H^+]<1\times10^{-7}$

在稀溶液中，氢离子的浓度很小，应用时很不方便，因此，在化学上采用$[H^+]$的负对数所得的值来表示溶液的酸碱性。这个值称为pH。

$$pH=-\lg[H^+]$$

中性溶液　　　$[H^+]=[OH^-]=1\times10^{-7}$　　　pH=7
酸性溶液　　　$[H^+]>[OH^-]$　$[H^+]>1\times10^{-7}$　　pH<7
碱性溶液　　　$[H^+]<[OH^-]$　$[H^+]<1\times10^{-7}$　　pH>7

分析上述关系可以看出：$[H^+]$越大，pH就越小，溶液的酸性就越强；$[H^+]$越小，pH就越大，溶液的碱性越强。溶液的pH相差1个单位，$[H^+]$就相差10倍。

pH表示溶液的酸碱性时，其适用范围应在0~14之间，当超过此范围，仍需直接用$[H^+]$或$[OH^-]$来表示溶液的酸碱性。

三、酸碱指示剂

溶液的酸碱性可以用溶液的pH来表示。这在化工生产和科学研究中有着广泛的应用，如在化学分析、有机合成、无机盐生产的过程中就经常需要控制一定的pH。通常用酸碱指示剂或pH试纸可以粗略地测定溶液的pH。精确测定时，可用pH计（酸度计）等仪器。

酸碱指示剂是指能以颜色的改变，指示溶液酸碱性的物质。指示剂发生颜色变化的pH范围叫指示剂的变色范围。甲基橙、酚酞、石蕊为三种常用的酸碱指示剂，它们的变色范围见表6-2。

表6-2　常见指示剂的变色范围

指示剂	pH的变色范围		
甲基橙	<3.1　红色	3.1~4.4　橙色	>4.4　黄色
酚酞	<5.0　红色	5.0~8.0　紫色	>8.0　蓝色
石蕊	<8.0　无色	8.0~10.0　粉红色	>10.0　玫瑰红

第三节　离子反应和离子方程式

一、离子反应和离子方程式

酸、碱、盐都是电解质，在水溶液中它们全部或部分地电离成离子，因此电解质在溶液中发生的化学反应实质上是它们电离出的离子之间的反应。这种溶液中离子之间的反应，称为离子反应。

硫酸钠溶液与硝酸钡溶液起反应，生成硝酸钠和白色硫酸钡沉淀。

$$Ba(NO_3)_2+Na_2SO_4\longrightarrow 2NaNO_3+BaSO_4\downarrow$$

如把在溶液中电离的物质写成离子的形式，把难溶的物质用化学式表示，可写成下式：

$$Ba^{2+}+2NO_3^-+2Na^++SO_4^{2-}\longrightarrow 2Na^++2NO_3^-+BaSO_4\downarrow$$

式中 Na^+ 和 NO_3^- 前后保持不变，把它们从等式两边消去，则得到：

$$Ba^{2+} + SO_4^{2-} \longrightarrow BaSO_4 \downarrow$$

此式表明，Na_2SO_4 溶液与 $Ba(NO_3)_2$ 溶液起反应，实际参加反应的是 Ba^{2+} 和 SO_4^{2-}。这种用实际参加反应的离子的符号来表示离子反应的式子叫做离子方程式。一般情况下可溶性钡盐与硫酸或可溶性硫酸盐之间的反应，都可以用这个离子方程式来表示。因为它们都是 Ba^{2+} 与 SO_4^{2-} 结合生成 $BaSO_4$ 沉淀。由此可见，离子方程式和一般化学方程式不同。离子方程式不仅表示某些物质间的反应，而且表示所有同一类型的离子反应。归纳上述写出离子方程式的过程，可得出书写离子方程式的步骤。以下以 $AgNO_3$ 和 $NaCl$ 反应为例说明。

（1）根据化学反应，写出化学反应方程式。

$$AgNO_3 + NaCl \longrightarrow AgCl \downarrow + NaNO_3$$

（2）把易溶于水、易电离的物质写成离子形式；难溶的物质、难电离的物质（如水）以及气体等仍用化学式表示。上述化学方程式可改写成：

$$Ag^+ + NO_3^- + Na^+ + Cl^- \longrightarrow AgCl \downarrow + Na^+ + NO_3^-$$

（3）消去等式两边不参加反应的相同离子，得离子方程式为：

$$Cl^- + Ag^+ \longrightarrow AgCl \downarrow$$

（4）检查离子方程式两边各元素的原子个数和电荷数是否相等。

正确书写离子方程式，一般要按照以上四个步骤进行。书写离子方程式时，必须熟知电解质的强弱和它们的溶解性。

二、离子反应发生的条件

溶液中离子间的反应是有条件的，例如 KCl 溶液和 NH_4NO_3 溶液相混：

$$KCl + NH_4NO_3 \longrightarrow KNO_3 + NH_4Cl$$

$$K^+ + Cl^- + NH_4^+ + NO_3^- \longrightarrow K^+ + NO_3^- + NH_4^+ + Cl^-$$

实际上，K^+、Cl^-、NH_4^+、NO_3^- 四种离子都没有参加反应。可见如果反应物和生成物都是易溶的强电解质，在溶液中均以离子形式存在，是不可能发生离子反应的。

溶液中发生离子反应的条件如下。

1. 生成难溶物质

例如 KCl 溶液与 $AgNO_3$ 溶液反应，有难溶的 $AgCl$ 沉淀生成。

$$KCl + AgNO_3 \longrightarrow AgCl \downarrow + KNO_3$$

离子方程式为：
$$Cl^- + Ag^+ \longrightarrow AgCl \downarrow$$

溶液中的 Ag^+ 和 Cl^- 结合生成了 $AgCl$ 沉淀，所以反应能够进行。本书附录列有一些常见的酸、碱、盐的溶解性。

2. 生成易挥发物质

例如硝酸钠固体与浓硫酸加热反应，生成 HNO_3 气体。

$$2NaNO_3 + H_2SO_4 \longrightarrow Na_2SO_4 + 2HNO_3 \uparrow$$

离子方程式为：
$$NO_3^- + H^+ \longrightarrow HNO_3 \uparrow$$

由于反应中生成的 HNO_3 气体不断从溶液中逸出，使反应能够进行。

3. 生成水或其他弱电解质

例如盐酸和氢氧化钠溶液反应，生成难电离的物质水。

$$HCl + KOH \longrightarrow KCl + H_2O$$

离子方程式为： $H^+ + OH^- \longrightarrow H_2O$

这个离子方程式说明酸和碱起中和反应的实质是 H^+ 和 OH^- 结合生成水。

又如，HCOONa 和盐酸的反应：

$$HCOONa + HCl \longrightarrow HCOOH + NaCl$$

离子方程式为： $HCOO^- + H^+ \longrightarrow HCOOH$

反应生成了弱电解质 HCOOH，使反应能够进行。

再如，NaOH 溶液和 NH_4Cl 溶液的反应：

$$NaOH + NH_4Cl \longrightarrow NaCl + NH_3 \cdot H_2O$$

离子方程式为： $OH^- + NH_4^+ \longrightarrow NH_3 \cdot H_2O$

反应生成了弱电解质 $NH_3 \cdot H_2O$，使反应能够进行。

总之，只需具备上述三个条件之一，离子反应就能进行。

离子反应除了上述的离子互换形式进行的复分解反应外，还有其他类型的反应。

第四节　盐类的水解

一、盐类的水解

酸的水溶液显酸性，碱的水溶液显碱性，盐是酸和碱发生中和反应的产物，那么盐的水溶液是否显中性呢？

【演示实验6-2】 把少量的 CH_3COONa、CH_3COONH_4、NH_4Cl、$NaCl$ 的晶体分别投入盛有蒸馏水的试管中，振荡使之溶解，然后分别用 pH 试纸加以检验。

实验证明，NaCl、CH_3COONH_4 溶液是中性的，而 CH_3COONa 溶液呈碱性，NH_4Cl 溶液呈酸性。由此可见不同盐的水溶液往往呈现不同的酸、碱性。这是因为在某些盐溶液中，组成盐的离子能与水电离出来的少量 H^+ 或 OH^- 发生反应，生成弱电解质，使水的电离平衡发生移动，导致溶液中 H^+ 和 OH^- 的浓度不再相等。

盐的组分离子和溶液中水所电离出来的 H^+ 或 OH^- 相结合生成弱电解质的反应，叫做盐的水解。广义上讲的水解，是指任何物质同水的反应，不只限于盐类。

（一）强碱弱酸盐的水解

演示实验中的 CH_3COONa 是由弱酸（CH_3COOH）和强碱（NaOH）反应所生成的盐，即属于强碱弱酸盐。它在水溶液中存在如下平衡：

$$CH_3COONa \longrightarrow Na^+ + CH_3COO^-$$
$$+$$
$$H_2O \rightleftharpoons OH^- + H^+$$

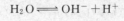

$$CH_3COOH$$

由于盐电离产生的 CH_3COO^- 与水产生的 H^+ 结合生成了弱电解质 CH_3COOH，溶液中 H^+ 的浓度减小，破坏了水的电离平衡，使平衡向水的电离方向移动，于是 $[OH^-]$ 相对增大，溶液里的 $[OH^-] > [H^+]$，溶液显碱性。

上述水解反应的化学方程式为：

$$CH_3COONa + H_2O \rightleftharpoons CH_3COOH + NaOH$$

离子方程式为：

$$CH_3COO^- + H_2O \rightleftharpoons CH_3COOH + OH^-$$

从上式可见，盐的水解实质上是盐的离子与水的反应。

（二）强酸弱碱盐的水解

演示实验中的 NH_4Cl 是由强酸（HCl）和弱碱（$NH_3 \cdot H_2O$）反应所生成的盐，即属于强酸弱碱盐。它在水溶液中发生如下反应：

$$NH_4^+ + H_2O \rightleftharpoons NH_3 \cdot H_2O + H^+$$

从上式可见，强酸和弱碱所生成的盐水解呈酸性。

（三）弱酸弱碱盐的水解

演示实验中的 CH_3COONH_4 是由弱酸（CH_3COOH）和弱碱（$NH_3 \cdot H_2O$）反应所生成的盐，即属于弱酸弱碱盐。它在水溶液中发生如下反应：

$$NH_4^+ + CH_3COO^- + H_2O \rightleftharpoons NH_3 \cdot H_2O + CH_3COOH$$

由于 CH_3COO^-、NH_4^+ 分别与水中的 H^+、OH^- 结合生成弱电解质 CH_3COOH 和 $NH_3 \cdot H_2O$，所以水解进行得很强烈。但由于生成的 CH_3COOH 的酸性强弱和 $NH_3 \cdot H_2O$ 的碱性强弱相当，所以，CH_3COONH_4 溶液呈中性。

弱酸弱碱盐的水解都是很强烈的，至于水解后溶液的酸碱性，取决于生成的弱酸和弱碱的相对强弱，可以通过比较它们电离常数的大小来确定。若 $K_a > K_b$，则水解后溶液呈酸性；若 $K_b > K_a$，则水解后溶液呈碱性；若 K_a 接近于 K_b，则水解后溶液呈中性。

以上三种类型的盐能够发生水解，基本原因在于组成盐的离子能与水电离出来的 H^+ 或 OH^- 结合生成了弱电解质。

至于强酸和强碱反应所生成的盐，如 NaCl，由于它在水中完全电离出的离子，都不与水电离出来的 H^+ 或 OH^- 结合生成弱电解质，没有破坏水的电离平衡，所以水中的 H^+ 和 OH^- 的浓度保持不变。因此，由强酸和强碱所生成的盐不发生水解，溶液呈中性。

盐的水解反应可看成是酸碱中和反应的逆反应。

$$酸 + 碱 \rightleftharpoons 盐 + 水$$

由于中和反应生成了难电离的水，反应几乎进行完全，所以水解反应的程度一般是很小的。通常，水解方程式要用"$\rightleftharpoons$"表示，水解产物的化学式后不注明"↓""↑"。

二、盐类水解的应用

盐类的水解在工农业生产、科学实验和日常生活中，都有较广泛的应用。如

Na_2CO_3 水溶液水解后溶液呈碱性,所以 Na_2CO_3 又名纯碱,工业上常用它来代替烧碱。在日常生活中,常用纯碱除油污、洗涤衣服等。盐的水解反应又是酸碱中和反应的逆反应。中和反应是放热反应,所以,水解反应是吸热反应,升高温度有利于水解反应的进行,所以用纯碱洗涤油污物品时,热的碱水去油污效果更好。

$FeCl_3$ 是强酸弱碱盐,容易水解生成难溶的 $Fe(OH)_3$。

$$Fe^{3+} + 3H_2O \rightleftharpoons Fe(OH)_3 + 3H^+$$

实验室配制的 $FeCl_3$ 溶液,时间长了,容器内壁会积有棕黄色的斑迹。为防止这种由于水解而产生的结果,配制溶液时,常向其中加入少量的盐酸,可抑制 $FeCl_3$ 的水解。

在化工生产和科学实验中,凡是有弱酸盐或弱碱盐参加的反应,都应当考虑盐的水解问题。

第五节 氧化还原反应和电化学基础

一、氧化还原反应

(一)氧化还原反应

在初中已经学习到从物质得氧和失氧来认识氧化还原反应。现在仍以氧化铜(CuO)与氢气(H_2)发生的反应为例从化合价升降角度进一步分析氧化还原反应。

$$\overset{化合价升高、被氧化}{\overset{+2\ -2\quad 0\qquad 0\quad +1\ -2}{CuO + H_2 \longrightarrow Cu + H_2O}}_{化合价降低、被还原}$$

在此反应中,CuO 中铜的化合价由 +2 价变成了单质铜中的 0 价,铜的化合价降了,即 CuO 被还原了;同时 H_2 中氢元素的化合价由 0 价升高到水中的 +1 价,氢的化合价升高了,即 H_2 被氧化了。

从化合价升降角度来分析大量的氧化还原反应可以得出以下结论:凡有元素化合价升降的化学反应就是氧化还原反应;其中,元素化合价升高的反应是氧化反应,元素化合价降低的反应是还原反应。

元素化合价的升高是由于失去电子,元素化合价的降低是由于得到电子。因此可以说,氧化还原反应是具有电子得失的反应。其中元素失去电子的反应是氧化反应,元素得到电子的反应为还原反应。

综上所述,凡是有电子转移(即电子得失或共用电子对偏移)的反应,叫做氧化还原反应。氧化还原反应的本质是发生了电子的转移。而元素化合价的升高和降低是氧化还原反应的特征。没有电子转移也就是没有化合价升降的反应,就不属于氧化还原反应。

(二)氧化剂和还原剂

在氧化还原反应中得到电子的物质是氧化剂。氧化剂具有氧化性,氧化性的强弱由该物质得电子能力的大小决定。失去电子物质是还原剂。还原剂具有还原性,还原性的强弱由该物质失电子能力的大小决定。如在前例中,H_2 是还原剂,CuO 是氧化剂。

常见的氧化剂有活泼的非金属(如卤素)、Na_2O_2、H_2O_2、HClO、$KClO_3$、HNO_3、$KMnO_4$、浓 H_2SO_4、$K_2Cr_2O_7$ 等。

常见的还原剂有活泼的金属及 C、H_2、CO、H_2S 等。金属的冶炼、金属的腐蚀和防腐以及电解、电镀等化学反应,都是氧化还原反应。因此氧化还原反应是一类很重要的化学反应。

二、原电池

(一) 原电池的工作原理

【演示实验6-3】 将一金属锌片放入盛有 1mol/L $CuSO_4$ 溶液的烧杯中,观察现象。

可以观察到 $CuSO_4$ 溶液的蓝色逐渐变淡,锌片会慢慢溶解,同时锌片上有红褐色的铜析出。

反应方程式为:$\overset{2e}{Zn + CuSO_4 \longrightarrow ZnSO_4 + Cu}$

离子方程式为:$Zn + Cu^{2+} \longrightarrow Zn^{2+} + Cu$

【演示实验6-4】 在一个烧杯中放入 1mol/L $ZnSO_4$ 溶液和锌片,在另一个烧杯中放入 1mol/L $CuSO_4$ 溶液和铜片。将两个烧杯的溶液用盐桥(通常用含有琼胶的 KCl 饱和溶液的倒置 U 形管)联系起来(图6-2)。这时 Zn 和 $CuSO_4$ 溶液分隔在两个容器中,互不接触,应该不会发生反应。观察用导线将锌片和铜片连接,并在导线上串联一个电流计后,出现的现象。

发现电流计指针发生偏转,说明导线上有电流通过。从电流计指针偏转的方向可知电子流动的方向。可以肯定电子是从锌片经导线流向铜片,故锌是负极,铜是正极。锌片不断溶解,而铜不断沉积在铜片上。

上述现象可做如下分析。锌片溶解,说明锌原子失去电子,形成 Zn^{2+} 进入溶液,即在锌片上发生了氧化反应。

$$Zn - 2e \longrightarrow Zn^{2+}$$

在 $CuSO_4$ 溶液中,Cu^{2+} 从铜片上获得电子,成为 Cu 沉积在铜片上,即铜发生了还原反应。

$$Cu^{2+} + 2e \longrightarrow Cu$$

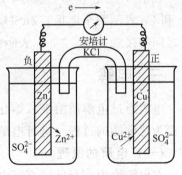

图6-2 铜锌原电池装置

以上两个反应式相加,得到发生的总反应为:

$$Zn + Cu^{2+} \longrightarrow Zn^{2+} + Cu$$

反应同时,电子通过导线由 Zn 转移给 Cu^{2+}。这样,由于电子的定向运动,产生了电流,实现了化学能转变为电能。这种借助于氧化还原反应,将化学能转变为电能的装置叫做原电池。图6-2 所示的原电池装置称为铜锌原电池。从理论上来讲,任何一个自发进行的氧化还原反应都能组成一个原电池。各种干电池都是根据原电池的原理设计制造的。

（二）有关原电池的几个基本概念

1. 半电池

原电池由两个半电池组成。上述原电池就是由锌半电池（Zn 和 $ZnSO_4$ 溶液）与铜半电池（Cu 和 $CuSO_4$）组成的。

2. 电极

组成半电池的导体叫电极，如锌半电池中的锌电极和铜半电池中的铜电极。对电极的极性作如下规定。

流出电子的一极是负极，用符号"—"表示。如铜锌原电池中锌片为负极。

流进电子的一极是正极，用符号"+"表示。如铜锌原电池中铜片为正极。

在原电池中，电子总是从负极经导线流向正极。

3. 电极反应和电池反应

在电极上发生的氧化或还原反应，称为该电极的电极反应，或叫原电池的半反应。在负极上，发生失电子的氧化反应，而在正极上发生得电子的还原反应，两个半电池反应合并起来构成原电池的总反应，或称电池反应。铜锌原电池的电极反应如下：

负极 $\qquad Zn - 2e \longrightarrow Zn^{2+}$ （氧化反应）

正极 $\qquad Cu^{2+} + 2e \longrightarrow Cu$ （还原反应）

铜锌原电池的电池反应为：

$$Zn + Cu^{2+} \longrightarrow Zn^{2+} + Cu \quad （氧化还原反应）$$

4. 原电池符号

原电池的装置可用符号表示。如铜锌原电池表示为：

$$(-)Zn|ZnSO_4\|CuSO_4|Cu(+)$$

式中（+）、（—）表示两个电极的符号，习惯上把负极放在左边，正极放在右边。Zn 和 Cu 表示两个电极，$ZnSO_4$ 和 $CuSO_4$ 表示电解质溶液。"|"表示电极与电解质溶液之间的接触界面。"‖"表示盐桥，放在中间。

三、电解

电流通过电解质溶液或熔化的电解质引起的氧化还原的过程，叫电解。电解是电能转变为化学能的过程。进行电解的装置叫电解池或电解槽。

（一）电解的原理

在电解池中，与外接直流电源正极相连的极叫阳极，发生氧化反应；与外接直流电源负极相连的极叫阴极，发生还原反应。

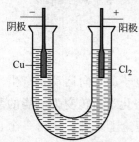

图 6-3 电解 $CuCl_2$ 溶液装置示意图

【演示实验 6-5】 如图 6-3 所示，在 U 形管中注入 $CuCl_2$ 溶液，插入两根石墨棒作电极，接通直流电源，观察管内发生的现象。

通电后不久可见，阴极上有赭红色铜析出，阳极上有气体放出，用湿润的淀粉碘化钾试纸放在阳极管口附近，试纸立即变蓝，可以断定阳极上放出的气体是氯气。显然，整个过程是直流电通过氯化铜溶液时分解为铜和氯气。发生了下列反应：

$$CuCl_2 \xrightarrow{通电} Cu + Cl_2\uparrow$$

氯化铜是强电解质，它在水中能电离出 Cu^{2+} 和 Cl^-。

$$CuCl_2 \longrightarrow Cu^{2+} + 2Cl^-$$

水是弱电解质，部分电离出 H^+ 和 OH^-。

$$H_2O \rightleftharpoons H^+ + OH^-$$

通电前，Cu^{2+}、Cl^-、H^+、OH^- 在溶液中自由移动。通电后，这些自由移动的离子在电场的作用下作定向移动，即阴离子（Cl^-、OH^-）向阳极移动，阳离子（Cu^{2+}、H^+）向阴极移动（见图 6-4）。在阴极 Cu^{2+} 得到电子而还原为铜。

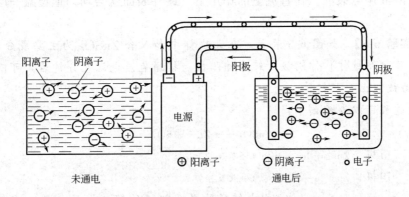

图 6-4 通电前后溶液中离子移动示意图

在阳极 Cl^- 失去电子而被氧化成 Cl_2 从阳极逸出。它们的反应可分别表示如下：

阴极 $Cu^{2+} + 2e \longrightarrow Cu$ （还原反应）

阳极 $2Cl^- - 2e \longrightarrow Cl_2\uparrow$ （氧化反应）

在电解池的两极反应中，阳离子得到电子和阴离子失去电子，通常都叫放电。电解过程的实质是在直流电的作用下，使电解质溶液发生氧化还原的过程。通电时，一方面电子从直流电的负极沿导线流入电解池的阴极；另一方面电子从电解池的阳极离开，沿导线流回直流电源的正极。这样在阴极上电子过剩，在阳极上电子缺少，因此电解液中的阳离子移向阴极，在阴极上得到电子发生还原反应，电解液中的阴离子移向阳极，在阳极上给出电子，发生氧化反应。所以，电解质溶液的导电过程，就是电解质溶液被电解的过程。

（二）电解的应用

1. 电解饱和食盐水

工业上用电解饱和食盐水来制取烧碱、氯气和氢气。

$$2NaCl + 2H_2O \xrightarrow{通直流电} 2NaOH + Cl_2\uparrow + H_2\uparrow$$
$$\text{阴极附近} \quad \text{阳极} \quad \text{阴极}$$

2. 电冶

应用电解原理从金属化合物中制取金属的过程叫电冶。钾、钠、钙、镁等活泼金属的制取只能电解它们的熔融化合物。如电解熔融 NaCl 时，阴极上可析出金属钠。

$$2NaCl \xrightarrow[\text{熔融态}]{\text{电解}} Cl_2\uparrow + 2Na$$

电解除了应用在以上两个方面以外,还在电镀、金属的电解精炼等方面有着广泛的应用。

3. 电镀

应用电解的原理在某些金属表面镀上一层其他金属或合金的过程叫电镀。电镀可赋予制品特殊的物理和化学性质,使制品的表面硬度、抗腐蚀性、装饰性能得以提高。镀层金属通常是化学性质比较稳定的金属(如锌、铬等),甚至是合金(如铜锌合金、铜锡合金等)。电镀时,将待镀的金属制品(镀件)作阴极,以镀层金属作阳极。用含有金属离子的溶液作电镀液。在直流电的作用下,镀件表面就会均匀地覆盖一层光洁而致密的镀层。

【演示实验 6-6】 如图 6-5 装置,在大烧杯中加入含 $ZnSO_4$ 为主要成分的电镀液,把待镀的铁片(即镀件)作阴极,锌片作阳极。接通直流电源几分钟后,可以看到镀件(铁片)表面被镀上一层锌。

镀锌的过程可以表示如下:

通电前 $ZnSO_4 \longrightarrow Zn^{2+} + SO_4^{2-}$

通电后   阴极 $Zn^{2+} + 2e \longrightarrow Zn$ (还原反应)

     阳极 $Zn - 2e \longrightarrow Zn^{2+}$ (氧化反应)

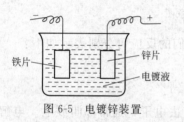

图 6-5 电镀锌装置

电镀的结果,阳极的锌(镀层金属)逐渐减少,阴极的锌(覆盖在镀件上)逐渐增加,减少和增加的锌相等。镀锌过程包括了在阴极 Zn^{2+} 得到电子和在阳极 Zn 失去电子的氧化还原反应的过程。电镀实质上就是一种电解过程。它的特点是阳极金属本身参与电极反应(失去电子而溶解)。

工业上已经用电镀法得到镀铬、镍、锌、铜、锡、金、银等的覆盖层。

四、金属的腐蚀与防护

(一) 金属的腐蚀

由于金属接触的介质不同,发生腐蚀的情况也就不同,一般可分为化学腐蚀和电化学腐蚀两种。

1. 化学腐蚀

金属直接与周围介质发生氧化还原反应而引起的金属腐蚀称为化学腐蚀。金属与干燥的气体(如 O_2、SO_2、H_2S、Cl_2 等)相接触时,在金属表面上生成相应的化合物(如氧化物、硫化物、氯化物等)。这种腐蚀的特点是只发生在金属表面。如果所生成的化合物形成一层致密的膜覆盖在金属的表面上,反而可以保护金属内部,使腐蚀速率降低。如铝在空气中形成一层致密的 Al_2O_3 薄膜,保护铝免遭进一步氧化。

随着温度的升高,化学腐蚀的速率加快。如钢材在常温和干燥的空气中不易受到腐蚀,但在高温下,钢材容易被空气中的氧所氧化,生成一层由 FeO、Fe_2O_3、Fe_3O_4 组成的氧化皮。

此外，金属与非电解质溶液相接触时，也会发生化学腐蚀。如原油中含有多种形式的有机硫化物，它们对金属输油管道及容器也会产生化学腐蚀。

2. 电化学腐蚀

当金属和电解质溶液接触时，由电化学作用而引起的腐蚀叫做电化学腐蚀。电化学腐蚀的原理实质上就是原电池原理。

通常见到的钢铁制品在潮湿的空气中的腐蚀就是电化学腐蚀。在潮湿的空气中，钢铁的表面吸附水汽，形成一层极薄的水膜。水膜中含有水电离出来的少量 H^+ 和 OH^-，同时水膜中还溶有大气中的 CO_2、SO_2 等气体，使水膜中 H^+ 的浓度增加。

$$CO_2 + H_2O \rightleftharpoons H_2CO_3 \rightleftharpoons H^+ + HCO_3^-$$

$$SO_2 + H_2O \rightleftharpoons H_2SO_3 \rightleftharpoons H^+ + HSO_3^-$$

这样，水膜实际上是弱酸性的电解质溶液。

钢铁中除了铁以外，还含有 C、Si、P、S、Mn 等杂质。这些杂质能导电，但与铁相比不容易失去电子。由于杂质颗粒极小，又分散在钢铁各处，因此在金属表面就形成无数微小的原电池，也称它微电池。铁是负极，不断失去电子成为 Fe^{2+} 进入水膜。杂质为正极，它能传递电子，使酸性水膜中 H^+ 从正极获得电子，生成 H_2 放出。

电极反应式如下：

负极（Fe） $\quad\quad\quad\quad\quad\quad Fe - 2e \longrightarrow Fe^{2+}$

正极（杂质） $\quad\quad\quad\quad\quad\quad 2H^+ + 2e \longrightarrow H_2 \uparrow$

随着电化学反应的不断进行，负极上 Fe^{2+} 的浓度不断增加，正极上 H_2 不断析出，使正极附近的 H^+ 浓度不断减小，因而水的电离平衡就不断向右移动，使得水膜中 OH^- 也越来越大。结果 Fe^{2+} 与 OH^- 作用生成 $Fe(OH)_2$，这样铁便很快遭到腐蚀。$Fe(OH)_2$ 再被大气中的氧气氧化成 $Fe(OH)_3$ 沉淀。

$$Fe^{2+} + 2OH^- \longrightarrow Fe(OH)_2$$

$$4Fe(OH)_2 + 2H_2O + O_2 \longrightarrow 4Fe(OH)_3 \downarrow$$

$Fe(OH)_3$ 及其脱水物 Fe_2O_3 是红褐色铁锈的主要成分。在腐蚀过程中有氢气析出，通常称这种腐蚀为析氢腐蚀。析氢腐蚀实际上是在酸性较强的情况下进行的。

在一般情况下，如果钢铁表面吸附的水膜酸性很弱或是中性溶液，则负极上仍是铁失去电子被氧化成为 Fe^{2+}，在正极主要是溶解在水膜中的 O_2 得到电子而被还原。

负极（Fe） $\quad\quad\quad\quad\quad\quad Fe - 2e \longrightarrow Fe^{2+}$

正极（杂质） $\quad\quad\quad\quad\quad\quad 2H_2O + O_2 + 4e \longrightarrow 4OH^-$

总的反应式为 $\quad\quad\quad\quad\quad\quad 2Fe + 2H_2O + O_2 \longrightarrow 2Fe(OH)_2$

然后 $Fe(OH)_2$ 被氧化成 $Fe(OH)_3$，$Fe(OH)_3$ 部分脱水成为铁锈。所以空气里的氧气溶解在水膜中，也能促使钢铁腐蚀。这种腐蚀通常称为吸氧腐蚀。钢铁等金属的腐蚀主要都是吸氧腐蚀。

电化学腐蚀和化学腐蚀都是铁等金属原子失去电子而被氧化，但是电化学腐蚀是通过微电池反应发生的。这两种腐蚀往往同时发生，只是电化学腐蚀比化学腐蚀要普遍得多，腐蚀速率也快得多。

（二）防止金属腐蚀的方法

知道了金属腐蚀的原理，可以采取相应的防护方法来防止金属的腐蚀。这主要从金属和介质两方面来考虑。

1. 改变金属的内部结构

将金属制成合金，可以改变金属的内部结构。所谓合金就是两种或两种以上的金属（或金属与非金属）熔合在一起所生成的均匀液体，再经冷凝后得到的具有金属特性的固体物质。如把铬、镍等加入到普通钢里制成不锈钢，可使原有金属不再容易失去电子，增强了抗腐蚀的能力。例如含铬18％的不锈钢能耐硝酸的腐蚀。

2. 隔离法

在金属表面覆盖致密保护层使它和介质隔离开来，能起到防腐的效果。例如在钢铁表面涂上矿物油脂（如凡士林）、油漆及覆盖搪瓷等非金属材料；也可以在表面镀上不易被腐蚀的金属、合金作为保护层，如镀锌铁皮（白铁皮）和镀锡铁皮（马口铁）上的锌和锡。

镀锡铁皮只有在镀层完整的情况下才能起到保护层的作用。如果保护层被破坏，内层的铁皮就会暴露出来，当与潮湿的空气相接触时，就会形成以 Fe 为负极、Sn 为正极的微型原电池，这样镀锡的铁皮在镀层损坏的地方比没有镀锡的铁更容易腐蚀。由于锡可以直接与食物接触，所以马口铁常用来制罐头盒。

镀锌铁皮与此相反，即使在白铁皮表面被损坏的地方形成微型原电池，但电子从 Zn 转移到 Fe，锌被氧化，铁仍被保护着，直到整个锌保护层完全被腐蚀为止。而锌氧化后，在空气中形成的碱式碳酸盐较致密又比较抗腐蚀，所以水管、屋顶板等多用镀锌铁。

3. 电化学保护法

根据原电池正极不受腐蚀的原理，将较活泼的金属或合金连接在被保护的金属上，形成原电池。这时，较活泼的金属或合金作为负极被氧化而腐蚀，被保护的金属作为正极而得到保护。例如，在轮船的外壳和船舵上焊接一定数量的锌块，锌块被腐蚀，而船壳和船舵得到保护。一定时间后，锌块腐蚀完了，再更换新的。另一种是利用外加电源，把要保护的物件作为阴极，用石墨、高硅碳、废钢等作阳极，阴极金属物件发生还原反应，因此得到保护，而石墨、高硅碳等阳极都难溶，可以长期使用。这种阴极保护法的应用越来越广泛，如油田输油管、化工生产上的冷却器、蒸发锅、熬碱锅等设备以及水库的钢闸门等常采用这种保护法。

4. 使用缓蚀剂

能减缓金属腐蚀速率的物质叫缓蚀剂。在腐蚀介质中加入缓蚀剂，能防止金属的腐蚀。在酸性介质中，通常使用有机缓蚀剂，如琼脂、糊精、动物胶、乌洛托品等。在中性介质中一般使用 $NaNO_2$、$K_2Cr_2O_7$、Na_3PO_4，在碱性介质中可使用 $NaNO_2$、$NaOH$、Na_2CO_3、$Ca(HCO_3)_2$ 等无机缓蚀剂。

防止金属腐蚀的方法尽管还有很多，但究其原理离不开上述四种方法。

尽管金属的腐蚀给生产带来极大的危害，但也可以利用腐蚀的原理为生产服务，并发展为腐蚀加工技术。例如，在电子工业上，广泛采用的印刷电路。其制作方法及原理是，在敷铜板（在玻璃丝绝缘板的一面敷有铜箔）上，先用照相复印的方法将线路印在铜箔上，然后将图形以外不受感光胶保护的铜用 $FeCl_3$ 溶液腐蚀，就可以得到线条清晰的印刷电路板。此外还有电化学刻蚀、等离子体刻蚀等新技术，比用 $FeCl_3$ 腐蚀铜的湿化学刻蚀的方法更好，分辨率更高。

本章小结

一、电解质的电离

（1）强电解质在水溶液中完全电离成离子，没有分子存在。强酸、强碱和大部分盐类都是强电解质。

（2）弱电解质在水溶液中只有部分分子电离成离子，溶液中还存在着未能电离的分子。弱酸、弱碱、水等都是弱电解质。

（3）弱电解质的电离是一个可逆过程，存在电离平衡。电离平衡是化学平衡，当外界条件发生改变时，平衡会向削弱这种改变的方向移动。

（4）电离常数 K_i 可表示弱电解质的电离程度，它与温度有关。

二、离子反应

（1）溶液中离子之间的反应称为离子反应。常见的有溶液中的复分解反应和置换反应。

（2）用实际参加反应的离子符号写成的化学方程式叫离子方程式。在书写离子方程式时，切记只有可溶于水的强电解质要用离子符号表示，其余用化学式。

（3）离子反应发生的条件是生成沉淀、气体或弱电解质。符合其中的一个条件即可。

三、水的电离和溶液的 pH

1. 水的离子积

常温时，水的离子积 $K_w = [H^+][OH^-] = 10^{-14}$，此关系也适用于酸、碱的稀溶液。

2. 溶液的 pH

$$pH = -\lg[H^+]$$

pH>7 呈碱性，pH<7 呈酸性，pH=7 呈中性

四、盐的水解

（1）盐的离子与水电离出来的 H^+ 或 OH^- 相结合生成弱电解质的反应，叫盐的水解。它是中和反应的逆反应。

（2）强酸弱碱盐水解后溶液显酸性；弱酸强碱盐水解后溶液显碱性；强酸强碱盐不发生水解溶液呈中性。

（3）盐的水解是可逆反应，可通过改变温度、浓度（加酸或加碱）使平衡发生移动，来促进水解或抑制水解。

五、原电池

原电池是将化学能直接转化为电能的装置。它有两个电极，其中相对活泼的金属为

负极，另一极为正极。负极上金属原子失去电子变成阳离子发生氧化反应，而溶液中的阳离子在正极上得到电子发生还原反应。

六、电解及其应用

（1）直流电通过电解质溶液（或熔融态的离子化合物）时，发生氧化还原反应的过程叫做电解。

（2）将电能转变为化学能的装置叫电解池。它有两个电极，其中与电源正极相连的为阳极，与电源负极相连的为阴极。阳极上发生氧化反应，阴极上发生还原反应。阴阳离子在电极上发生得失电子的过程统称为放电。

（3）电解原理广泛应用于电冶、电镀和氯碱工业。

七、金属的腐蚀与保护

（1）金属或合金与周围的气体或液体接触发生化学反应而损耗的过程叫做金属的腐蚀。根据腐蚀的原理不同，可分为化学腐蚀和电化学腐蚀。其不同点是化学腐蚀是纯化学反应，而电化学腐蚀因形成微型原电池而有电流产生。金属腐蚀的本质是金属原子失去电子被氧化的过程。

（2）防止金属腐蚀的方法有改变金属结构法、隔离法、电化学保护法、缓蚀剂法。

阅读材料

微生物燃料电池

美国宾夕法尼亚州立大学科学家开发了一种高效能的微生物燃料电池，使细菌能从有机废水中产生大量的氢，其氢产率是传统发酵过程的 4 倍。这种微生物燃料电池不仅可以产生氢作为清洁能源，也可以净化有机废水。

目前处理有机废水的发酵过程中，细菌只能将废水中所含有机物不完全地分解，其反应产物除了少量氢之外，还有醋酸和酪酸等，到这一阶段细菌就无法将反应进行下去，被称为"发酵障碍"。宾夕法尼亚的研究人员却发现，在反应中给细菌加上 0.25V 的电"刺激"，就能克服"发酵障碍"，使细菌将反应进行到底。

细菌在分解有机物的时候，将电子传送到电池的阳极，同时将质子传送到电池阴极，用导线在电池之外将两个电极连接起来，质子和电子结合就可以产生氢，反应的最终产物还有水和二氧化碳。

这种燃料电池可以彻底"消化"水中溶解的有机废弃物，适用范围包括生活污水、农业废水和工业废水。反应中所消耗的电压，只是普通燃料电池电解过程所需电压的 10% 左右。反应所产生的氢还是洁净能源，可谓一举多得。

这种燃料电池第一次证明，从有机废弃物中获得清洁能源有很大的潜力，可望为"循环社会"做出贡献。

习　题

1. 写出下列物质在水中的电离方程式。

(1) 硝酸　　　　　(2) 氢氧化钠　　　　(3) 醋酸
(4) 硫酸钾　　　　(5) 氨水　　　　　　(6) 氢硫酸

2. 什么叫离子反应？离子反应发生的条件是什么？

3. 什么叫溶液 pH？水溶液的 pH 和溶液的酸碱性有什么关系？

4. 强电解质和弱电解质有什么区别？

5. 实验室如何配制 $FeCl_3$ 溶液？为什么不能直接将 $FeCl_3$ 晶体溶于水配制？

6. 下列离子方程式中，能正确反映 CH_3COOH 与 $NaOH$ 反应的是_____。

(1) $CH_3COOH + OH^- \longrightarrow CH_3COO^- + H_2O$

(2) $H^+ + OH^- \longrightarrow H_2O$

(3) $CH_3COOH + Na^+ + OH^- \longrightarrow CH_3COONa + H_2O$

(4) $CH_3COO^- + H^+ + OH^- \longrightarrow CH_3COO^- + H_2O$

7. 下列关于电解质的叙述正确的是_____。

(1) 氯化钡溶液在电流作用下电离成钡离子和氯离子。

(2) 溶于水后能电离出氢离子的化合物都是酸。

(3) 硫酸钡难溶于水，但硫酸钡属于强电解质。

(4) 二氧化碳溶于水能部分电离，故二氧化碳属于弱电解质。

8. 向纯水中加入下列各溶液，不能促进水的电离的是_____。

(1) 硫酸溶液　　(2) $NaOH$ 溶液　　(3) $NaCl$ 溶液　　(4) Na_2CO_3 溶液

9. 判断下列盐的水溶液的酸碱性，写出可以发生水解反应的离子方程式。

(1) $NaHCO_3$　　(2) $FeSO_4$　　(3) K_2SO_4

(4) NH_4NO_3　　(5) $NaCN$　　(6) NH_4CN

10. 已知硫酸锰（$MnSO_4$）和过硫酸钾（$K_2S_2O_8$）两种盐溶液在银离子催化下可发生氧化还原反应，生成高锰酸钾、硫酸钾、硫酸。

(1) 写出上述反应的化学方程式。

(2) 此反应的还原剂是_____，它被氧化后的产物是_____。

11. 19.2g 铜与足量稀硝酸完全反应，放出气体，问被还原的硝酸的物质的量是多少？

12. 原电池与电解池在构造上和原理各有什么不同？

13. 原电池为什么能产生电流？

14. 什么是金属腐蚀？化学腐蚀与电化学腐蚀有什么不同？

15. 将铁片和锌片分别浸入稀硫酸中，它们都被溶解，并放出氢气。如果将两种金属同时浸入稀硫酸中，两端用导线连接，这时有什么现象发生？是否两种金属都溶解了？氢气在哪一片金属上析出？试说明理由。

第七章
有机化合物中的烃

> 学习目标

了解有机化合物的基本概念及有机化合物的特点。掌握各类烃的通式、构造式的书写，理解同系物与同分异构体的概念。掌握烷烃的系统命名法及甲烷、乙烯、乙炔的制法、性质、用途。掌握苯的结构及主要化学反应。

第一节　有机化合物概述

一、有机化合物和有机化学

自然界物质的种类很多，根据它们的组成、结构和性质等方面的特点，可以分为无机化合物（简称无机物）和有机化合物（简称有机物）两大类。在前面的几章里，介绍了非金属、金属及其化合物的一些知识。这些化合物一般来源于矿石、水及泥土，称为无机化合物。而另一类化合物如糖类、淀粉、蛋白质、纤维素和染料等，则被称为有机化合物。

人类对有机物的认识是在实践中逐渐加深的。19世纪以前，人们只能从动、植物等有机体得到有机物，因此错误地认为有机物不能用人工的方法合成。"有机物"这个名称由此而来，意思是"有生机之物"。1828年德国化学家维勒（F. Wöhler）首次用人工方法从无机物制成了有机物——尿素。继维勒之后，又有人于1845年合成了醋酸，1854年合成了脂肪。维勒等人的这些发现证明，无机物和有机物之间并无绝对的界限，它们在一定条件下是可以转化的。现在，人们不但能够合成自然界中已有的许多有机物，而且能够合成自然界中原来没有的多种多样的有机化合物，如合成树脂、合成橡胶、合成纤维和许多药物、染料等。因此，"有机物"一词也就失去了原有的含义，只是因为习惯而沿用下来。

科学家们通过大量的研究发现，所有的有机化合物中都含有碳元素，绝大多数有机合物中含有氢元素，许多有机化合物除含碳、氢元素外，还含有氧、硫、磷和卤素等元素。从化学组成上看，有机化合物可以看成是碳氢化合物，以及从碳氢化合物衍生而得的化合物。因此，有人把有机化合物定义为碳氢化合物及其衍生物。

有机化学就是研究有机化合物的化学。它主要研究有机化合物的组成、结构、性质、制法，以及在生产、生活中的应用。它是许多工业部门的基础科学。众多的现代化工业，例如，石油化工和三大合成材料（塑料、合成橡胶、合成纤维）工业的建立和发展，都依赖于有机化学的成就；其他如化肥、日用化工、医药、染料、农药和食品、轻工等工业，也离不开有机化学。

二、有机化合物的特点

有机化合物中都含有碳元素。碳元素位于周期表中第二周期、第ⅣA族，其最外电子层有4个电子。它既不容易得到电子成为负离子，也不容易失去电子成为正离子，而是以共价键与其他原子相结合。同是碳元素彼此间也能以共价键结合成链状或环状。在这些化合物中，碳元素的化合价一般为4，由于碳元素的这一特殊结构，决定了有机化合物与无机化合物的性质有明显的差别，一般有机化合物具有以下特点。

（1）对热不稳定，容易燃烧。大多数有机化合物对热不稳定，受热时容易分解炭化，达到着火点时会燃烧（如汽油、酒精、棉纤维等）。

（2）熔点低，不易导电。有机化合物分子间仅存在较弱的作用力，因而其熔点和沸点都很低。在常温下，许多有机化合物以气体或液体状态存在，固体有机物的熔点一般都低于400℃。绝大多数有机物是非电解质，不易导电。

（3）难溶于水，易溶于有机溶剂。大多数有机物是非极性或极性小的物质，所以难溶于水，而易溶于汽油、乙醚或苯等有机溶剂中。

（4）反应速率较慢，副反应多。有机反应多为分子间的反应，共价键不像离子键那样容易离解，因此反应速率缓慢，往往需要几小时、几天，甚至更长时间才能完成。由于分子中各部位都可能不同程度地参加反应，所以有机反应常伴有副反应发生，主反应和副反应并存。反应条件不同时，产物也不同。在有机反应中，选择适当的试剂，控制适宜的反应条件，就会减少副反应的发生，有效地提高产率。

需要说明的是，有机化合物的这些特性不是绝对的，也有一些有机化合物并不具备上述特点。例如，四氯化碳不但不能燃烧，而且可以灭火，是常用的灭火剂；酒精和醋酸可以任意比例与水混溶；"TNT"可在瞬间发生爆炸反应，是一种烈性炸药等。

三、有机化合物的分类

根据组成不同，可将有机化合物大致分为如下两大类。

1. 烃

烃是碳氢化合物的简称，是最简单的有机物。

根据碳原子连接的方式不同可分为链烃（脂肪烃）和环烃。链烃中包括烷烃、烯烃、炔烃。其中烷烃又叫饱和烃，烯烃和炔烃又叫不饱和烃。环烃中包括脂环烃和芳香烃。

2. 烃的衍生物

烃的衍生物是指烃分子中的氢原子被其他原子或原子团取代以后的产物。取代氢原子的原子或原子团一般都比较活泼，容易发生反应，对烃的衍生物的性质起着决定性的作用，这些原子或原子团又叫官能团。

烃的衍生物种类很多，常见的有卤代烃、醇、酚、醚、醛、酮和羧酸等。在烃的衍生物中，官能团相同的，性质相似；官能团不同的，性质也不同。

第二节 甲烷与烷烃

在有机化合物的链烃分子中，仅含有碳碳单键（C—C）和碳氢键（C—H）的化合物称为烷烃，也叫饱和烃。甲烷是最简单的烷烃。

一、甲烷

甲烷是无色、无味的气体。它的密度（在标准状况下）是 0.717g/L，大约是空气密度的一半，极难溶于水，很容易燃烧。

甲烷又名沼气，也叫坑气。这是因为它是池沼底部和煤矿坑道所产生的气体的主要成分。这些甲烷都是在隔绝空气的情况下，由植物残体经过某些微生物发酵作用而生成的。此外，天然气的主要成分也是甲烷（80%～97%，体积分数）。我国天然气的储藏量非常丰富，四川地区是世界上著名的天然气产地之一，那里的天然气含甲烷高达95%以上。

沼气对于解决我国农村的能源问题，改善农村环境卫生、提高肥料质量等方面有重要意义。近年来我国农村沼气的开发利用发展很快。

(一) 甲烷的分子结构

甲烷的分子式是 CH_4。在甲烷分子里，碳原子的最外层电子层的 4 个电子，与 4 个氢原子形成 4 个共价键。甲烷的电子式和构造式如下：

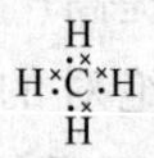

$$H:\overset{\overset{H}{\cdot\cdot}}{\underset{\underset{H}{\cdot\cdot}}{C}}:H \qquad H-\overset{\overset{H}{|}}{\underset{\underset{H}{|}}{C}}-H$$

电子式 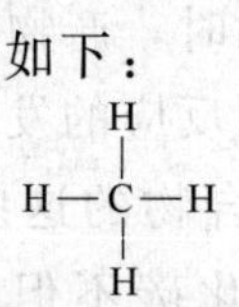　　　　　　构造式

有机物分子中的原子按照一定的排列顺序相互联结，分子中原子的排列顺序和联结方式称为化学构造，表示有机化合物分子化学构造的式子称为构造式。甲烷的构造式仅仅说明分子中四个氢原子是各自直接与碳原子相连，但它不能说明甲烷分子中碳原子与氢原子的空间相对位置。经过大量的科学实验证明，甲烷分子中的四个氢原子并不是在同一个平面上，而是分布在以碳原子为中心的正四面体的四个顶点上。如图 7-1 所示。

(二) 甲烷的制法

在实验室中，甲烷是用无水醋酸钠和碱石灰（氢氧化钠和氧化钙的混合物）混合加热制得的。醋酸钠与氢氧化钠的反应式如下：

$$CH_3COONa + NaOH \xrightarrow{\triangle} Na_2CO_3 + CH_4\uparrow$$

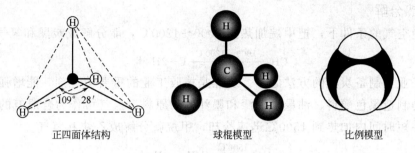

图 7-1 甲烷分子模型

（三）甲烷的化学性质

【演示实验 7-1】 取一药匙研细的无水醋酸钠和三药匙研细的碱石灰，在纸上充分混合，迅速装进试管（装置如图 7-2 所示），加热。用排水集气法把甲烷收集在试管里。观察它的颜色，并闻它的气味。

在导管中，点燃甲烷，如图 7-2(b) 所示，然后在火焰上方罩一个干燥的烧杯，很快会看到内壁变模糊，有水蒸气凝结。把烧杯倒转过来，向烧杯内注入少量澄清石灰水，振荡，观察到石灰水变浑浊。再把甲烷经导管通入盛有高锰酸钾酸性溶液的试管中，如图 7-2(c) 所示，观察紫色溶液是否有变化。

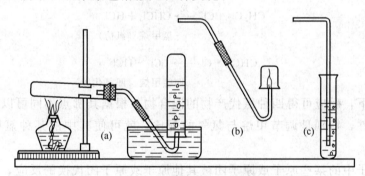

图 7-2 甲烷的制取和性质
(a) 制取甲烷；(b) 甲烷的燃烧；(c) 甲烷通入高锰酸钾溶液

在通常情况下，甲烷是比较稳定的，与强酸、强碱或强氧化剂等一般不发生反应。从上面的实验可得到证明，甲烷不能使高锰酸钾溶液褪色。但甲烷的稳定性是相对的，在特定条件下，甲烷也会发生某些反应。

1. 氧化反应

甲烷虽不能被高锰酸钾氧化，但可以燃烧。在氧气充足的条件下，纯净的甲烷在空气中可以安静地燃烧，产生淡蓝色的火焰，同时放出大量的热。

$$CH_4 + 2O_2 \xrightarrow{\text{点燃}} CO_2 + 2H_2O$$

如果甲烷在空气不足时燃烧，会生成大量的黑烟（炭）。

甲烷是一种良好的气体燃料，发热量很高。但是必须注意，含甲烷 5%～15% 的甲烷、空气混合气，遇火花会立即发生爆炸（又称瓦斯爆炸）。因此使用甲烷时应注意安全。在点燃甲烷前必须像检验氢气纯度那样检查甲烷的纯度。在煤矿的矿井里，必须采取措施，如通风、严禁烟火等，以防止爆炸事故发生。

2. 加热分解

在隔绝空气的条件下，把甲烷加热到 1000~1200℃，能分解成炭黑和氢气。

$$CH_4 \xrightarrow{1000\sim1200℃} C+2H_2\uparrow$$

这是工业上制备炭黑的方法之一。炭黑是橡胶工业的重要填充剂，能增强橡胶的耐磨性，也是制造黑色颜料、油墨、油漆和墨汁等的原料。氢气可作为合成氨的原料。

如果在短时间内加热到 1500℃ 迅速冷却，甲烷就分解成乙炔和氢气。

$$2CH_4 \xrightarrow{1500℃} C_2H_2+3H_2\uparrow$$

3. 取代反应

在室温下，甲烷和氯气的混合物可以在黑暗中长期保存不起任何反应。但在光照或加热条件下，可发生反应。甲烷分子中的氢原子逐个被氯原子取代，生成一系列产物，俗称氯甲烷。反应是分步进行的。

$$CH_4+Cl_2 \xrightarrow{光} CH_3Cl+HCl$$
一氯甲烷

$$CH_3Cl+Cl_2 \xrightarrow{光} CH_2Cl_2+HCl$$
二氯甲烷

$$CH_2Cl_2+Cl_2 \xrightarrow{光} CHCl_3+HCl$$
三氯甲烷（氯仿）

$$CHCl_3+Cl_2 \xrightarrow{光} CCl_4+HCl$$
四氯甲烷（四氯化碳）

一般情况下，反应可得四种氯代产物的混合物，根据其沸点不同可以进行分离。如果控制反应条件，特别是调节甲烷与氯气的配比，就可使其中的某种氯甲烷成为主要产物。

有机物分子中的某些原子或原子团被其他原子或原子团代换的反应，称取代反应。

上述四种取代产物都不溶于水，在常温下一氯甲烷是气体，其他三种都是油状液体。它们都是重要的有机合成原料。氯仿和四氯化碳是常用的有机溶剂。四氯化碳还可作为效率较高的灭火剂。

甲烷与其他卤素发生相似的反应，生成相应的卤代甲烷。

二、烷烃

(一) 烷烃及其同系物

在烃类中还有一系列化学性质与甲烷相似的烃，如乙烷（C_2H_6）、丙烷（C_3H_8）、丁烷（C_4H_{10}）等。它们的构造式如下：

```
    H H          H H H          H H H H
    | |          | | |          | | | |
  H-C-C-H      H-C-C-C-H      H-C-C-C-C-H
    | |          | | |          | | | |
    H H          H H H          H H H H
    乙烷          丙烷             丁烷
```

为了书写方便，上述构造式中可以省略表示单键的短线，用如下的构造简式（也称缩简式）表示：

$$CH_3-CH_3 \quad\quad CH_3-CH_2-CH_3 \quad\quad CH_3-CH_2-CH_2-CH_3$$
$$(或 CH_3CH_3) \quad\quad (或 CH_3CH_2CH_3) \quad\quad (或 CH_3CH_2CH_2CH_3)$$
$$乙烷 \quad\quad\quad\quad 丙烷 \quad\quad\quad\quad\quad 丁烷$$

在这些烃的分子中，碳原子之间都以单键结合成链状，碳原子与氢原子也以单键相结合，使每个碳原子的化合价都已充分利用，即被氢原子所饱和。具有这种结构特点的链烃叫饱和链烃，或称烷烃。

烷烃的种类很多，表 7-1 列出其中的一部分。

表 7-1 几种烷烃的物理性质

名称	构造简式	常温时状态	熔点/℃	沸点/℃	液态时的密度[①]/(g/cm³)
甲烷	CH_4	气	-182.5	-164	0.466
乙烷	CH_3CH_3	气	-183.3	-88.6	0.572
丙烷	$CH_3CH_2CH_3$	气	-189.7	-42.1	0.5005
丁烷	$CH_3(CH_2)_2CH_3$	气	-138.4	-0.5	0.5788
戊烷	$CH_3(CH_2)_3CH_3$	液	-129.7	36.1	0.6262
庚烷	$CH_3(CH_2)_5CH_3$	液	-90.6	98.4	0.6838
辛烷	$CH_3(CH_2)_6CH_3$	液	-56.8	125.7	0.7025
癸烷	$CH_3(CH_2)_8CH_3$	液	-29.7	174.1	0.7300
十七烷	$CH_3(CH_2)_{15}CH_3$	固	22	301.8	0.7780(固态)
二十四烷	$CH_3(CH_2)_{22}CH_3$	固	54	391.3	0.7991(固态)

① 甲烷和乙烷的密度分别是在-164℃，-108℃时测得的，其余是 20℃时测得的。

显然，从乙烷开始，每增加一个碳原子，就相应地增加两个氢原子，因此，可用 C_nH_{2n+2} ($n\geqslant 1$) 的式子来表示这一系列化合物的组成，这个式子就叫做烷烃的通式。利用烷烃的通式可以写出各种烷烃的化学式。

像甲烷、乙烷、丙烷、丁烷……这样一些结构相似，具有同一个通式、在分子组成上相差一个或若干个 CH_2 原子团的一系列化合物叫做同系列。同系列中的各种化合物，互称同系物。

同系物一般具有相似的化学性质。在通常状况下，它们非常稳定，在特殊条件下也能发生氧化、热分解和取代反应。同系物的物理性质随着碳原子数的增加呈现规律性的变化。

（二）烷烃的同分异构现象

实验证明，分子式为 C_4H_{10} 的丁烷，存在下面两种不同的构造：

(A)   (B)

前面已学过物质结构，物质的性质是由其结构决定的，这两种结构不同的丁烷性质各异。事实正是如此：

	（A）	（B）
熔点/℃	−138.4	−159.4
沸点/℃	−0.5	−11.7
密度（液态）/(kg/m³)	578.8	549.0

为了便于区别，前者叫正丁烷，后者叫异丁烷。

像这种化合物的分子式相同，但构造和性质不同的现象称为同分异构现象。具有同分异构现象的化合物互称为同分异构体。正丁烷和异丁烷就是丁烷的两种同分异构体。

在有机物中，同分异构现象普遍存在，而且随着分子里碳原子数目的增多，碳原子的结合方式就越复杂，同分异构体的数目也就越多。戊烷（C_5H_{12}）有 3 种，己烷（C_6H_{14}）有 5 种，庚烷（C_7H_{16}）有 9 种，而癸烷（$C_{10}H_{22}$）有 75 种等。同分异构现象是造成有机物数量繁多的原因之一。

（三）烃基

烃分子中去掉一个氢原子后所剩余的部分称为烃基。烃基一般用"R—"表示。如果这种烃是烷烃，那么烷烃失去一个氢原子后所剩余的原子团称为烷基。烷基的通式为—C_nH_{2n+1}。如—CH_3 称为甲基，—CH_2CH_3（或—C_2H_5）称为乙基等。

（四）烷烃的命名

有机物种类繁多，分子的组成和结构又比较复杂，所以有机物的命名就显得十分重要。以下介绍普遍采用的系统命名法。

1. 直链烷烃的命名

直链烷烃按分子中所含碳原子数目命名为"某烷"。碳原子数在 10 以内的，依次用甲、乙、丙、丁、戊、己、庚、辛、壬、癸来表示。碳原子数在 10 以上的，就直接用中文数字来表示。例如：

$CH_3CH_2CH_2CH_3$	丁烷
$CH_3CH_2CH_2CH_2CH_3$	己烷
$CH_3(CH_2)_{10}CH_3$	十二烷

2. 带支链烷烃的命名

（1）选择主链。选择分子中最长的碳链作为主链，按照主链碳原子数目称为"某烷"（母体）。

（2）编号。把支链看作取代基称"某基"，并从靠近支链的一端开始用 1、2、3…数字给主链上的碳原子编号，以确定取代基在主链上的位置。

（3）写出名称。把取代基的位置、名称写在母体名称之前。取代基的位置，用它所在主链上的碳原子的编号来表示，位号与取代基名称之间用"-"隔开。

（4）如果有相同的取代基，可以合并起来用二、三等数字表示，但每个取代基一个位号，表示位号的阿拉伯数字要用","隔开；如果几个取代烃基不同，简单的写在前面，复杂的写在后面。

$$\overset{1}{C}H_3—\overset{2}{C}H—\overset{3}{C}H_2—\overset{4}{C}H_3 \qquad \text{2-甲基丁烷}$$
$$\quad\quad\;\;|$$
$$\quad\quad CH_3$$

$\overset{1}{CH_3}-\overset{2}{CH}-\overset{3}{CH}-\overset{4}{CH_2}-\overset{5}{CH_3}$ 2,3-二甲基戊烷
        | |
      CH_3 CH_3

$\overset{1}{CH_3}-\overset{2}{CH_2}-\overset{3}{CH}-\overset{4}{CH}-\overset{5}{CH_2}-\overset{6}{CH_2}-\overset{7}{CH_3}$ 4-甲基-3-乙基庚烷

$\overset{1}{CH_3}-\overset{2}{CH_2}-\overset{3}{C}-\overset{4}{CH}-\overset{5}{CH_2}-\overset{6}{CH_3}$ 3,3,4-三甲基己烷

第三节 乙烯与烯烃

除饱和烃外，链烃中还有一类烃称为不饱和链烃。在碳原子数相同的情况下，它们分子中所含的氢原子数比相应的烷烃要少。根据"缺少"的氢原子数的不同，分为烯烃和炔烃。乙烯是最简单的烯烃。

一、乙烯

乙烯是无色、稍有气味的气体。密度比空气略小，难溶于水，能溶于有机溶剂。

（一）乙烯的分子组成和结构

乙烯的分子式是 C_2H_4。从分子式可以看出乙烯分子比乙烷分子少了 2 个氢原子，分子里碳原子的化合价没有达到饱和。在乙烯分子里碳原子间是通过两对共用电子互相结合的，它的电子式、构造式和构造简式分别表示如下：

     H:C::C:H   H—C=C—H $H_2C=CH_2$
     电子式   构造式   构造简式

乙烯分子中含有一个碳碳双键（C=C），它的两个碳原子和 4 个氢原子处在同一平面上，其分子模型见图 7-3。

（二）乙烯的制法

工业上主要是由分离裂解石油和天然气产生的裂解气来获得大量乙烯。

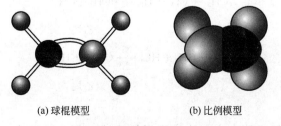

(a) 球棍模型   (b) 比例模型

图 7-3 乙烯的分子模型

在实验室里用质量分数 95% 以上的酒精（乙醇）和浓硫酸混合加热来制备乙烯。浓硫酸在反应中作为催化剂和脱水剂。

化学反应方程式如下：

$$\underset{\text{乙醇}}{\underset{H\ \ \ OH}{CH_2-CH_2}} \xrightarrow[170℃]{\text{浓}\ H_2SO_4} \underset{\text{乙烯}}{CH_2=CH_2} + H_2O$$

【演示实验 7-2】 按图 7-4 装置，在烧瓶中注入无水酒精和浓硫酸（体积比 1:3）的混合液约 20mL，并放入几片碎瓷片，以免混合液在受热沸腾时剧烈跳动产生暴沸。加热液体使温度迅速升到 170℃（温度在 140℃时会产生大量乙醚气体）。这时就有乙烯生成。

（三）乙烯的化学性质和用途

乙烯的分子中的碳碳双键（C=C），其中一个键容易断裂，因此乙烯性质活泼，比较容易发生化学反应。

【演示实验 7-3】 把乙烯分别通入盛有溴水和高锰酸钾溶液（加几滴稀硫酸）的试管里，观察现象。最后在导管口点燃乙烯。

图 7-4 乙烯的实验室制取

1. 加成反应

从实验中可观察到溴水的红棕色很快消失，这是因为乙烯与溴水中的溴发生了反应，生成无色 1,2-二溴乙烷。在实验室里，常利用这类反应来鉴别乙烯等不饱和烃。工业上常用溴水法检验汽油、煤油中是否含有不饱和烃。

$$CH_2=CH_2+Br-Br \longrightarrow \underset{\text{1,2-二溴乙烷}}{Br-CH_2-CH_2-Br}$$

这个反应的实质是乙烯分子中碳碳双键上的一个键断裂后，两个溴原子分别加在两个价键不饱和的碳原子，生成了 1,2-二溴乙烷。这种在有机物分子中不饱和碳原子加入其他原子或原子团的反应叫做加成反应。

1,2-二溴乙烷是无色透明、具有特殊香味的不燃性液体，是重要的化工原料，也用作林木的杀虫剂以及谷类和水果的蒸熏剂。

在催化剂的作用下，乙烯还能和氢气、氯气、卤化氢和水等物质发生加成反应。

$$CH_2=CH_2+H_2 \xrightarrow[\triangle]{Ni} \underset{\text{乙烷}}{CH_3-CH_3}$$

$$CH_2=CH_2+HCl \xrightarrow[\triangle]{Ni} \underset{\text{氯乙烷}}{CH_3-CH_2Cl}$$

2. 氧化反应

与甲烷一样，乙烯也能在空气中完全燃烧生成二氧化碳和水，火焰明亮同时放出大量的热。

$$CH_2=CH_2+3O_2 \xrightarrow{\text{点燃}} 2CO_2+2H_2O$$

乙烯在空气中的含量为3.0%～33.5%时，遇火会引起爆炸。

乙烯不但能被氧气直接氧化，而且能被其他氧化剂氧化。从上述实验中看到，高锰酸钾的紫红色很快褪去，就是乙烯被高锰酸钾所氧化。利用这种方法可以区别甲烷和乙烯。

3. 聚合反应

在适当的温度、压力和催化剂存在的条件下，乙烯分子里双键中的一个键断裂后，发生相互联结且聚合成为很长的链，从而形成分子量很大（几万到几十万）的化合物——聚乙烯。

$$n\text{CH}_2=\text{CH}_2 \xrightarrow{\text{催化剂}} \text{--(CH}_2-\text{CH}_2\text{--)}_n$$
$$\text{聚乙烯}$$

这种由分子量小的不饱和化合物分子，互相结合为分子量很大的化合物分子的反应，叫做聚合反应或叫加成聚合反应。这种反应是制造塑料、合成纤维、合成橡胶的基本反应。

乙烯是石油化工最重要的基础原料。乙烯的产量是衡量一个国家化工发展水平的重要指标之一，也是一个国家综合国力的标志之一。乙烯用于制造聚乙烯、聚苯乙烯等塑料，合成维纶纤维、醋酸纤维，制造合成橡胶、有机溶剂等。乙烯还是一种植物生长调节剂，可用作果实的催熟剂。

二、烯烃

烯烃是分子中含有一个 C=C 的不饱和链烃的总称。除乙烯外，还有与乙烯在组成上相差一个或几个 CH_2 原子团的化合物，例如：

丙烯	$CH_3-CH=CH_2$
丁烯	$CH_3-CH_2-CH=CH_2$
戊烯	$CH_3-CH_2-CH_2-CH=CH_2$

与烷烃一样，烯烃同系列中的各同系物也是依次相差一个 CH_2 原子团，烯烃的通式为 C_nH_{2n}（$n \geqslant 2$）。

烯烃的系统命名法是以含有双键的最长碳链作为主链，把支链当作取代基来命名。烯烃的名称依主链中所含有的碳原子数而定。由于双键的存在，必须指出双键的位置。从靠近双键的一端开始将主链中的碳原子依次编号。双键的位置，以双键上位次较小的碳原子号数来表明，写在烯烃名称的前面。将取代基的位置、数目和名称，也写在烯烃名称的前面。例如：

$$\overset{5}{C}H_3-\overset{4}{C}H_2-\overset{3}{C}H-\overset{2}{C}H=\overset{1}{C}H_2 \qquad \overset{1}{C}H_2=\overset{2}{C}-\overset{3}{C}H_2-CH_3$$
$$\qquad\qquad\qquad | \qquad\qquad\qquad\qquad\qquad |$$
$$\qquad\qquad\qquad CH_3 \qquad\qquad\qquad\qquad CH_2-CH_3$$
$$\qquad\qquad\qquad\qquad\qquad\qquad\qquad\qquad\qquad\quad 3\quad 4\quad 5$$

$$\overset{5}{C}H_3-\overset{4}{C}H-\overset{3}{C}=\overset{2}{C}H-\overset{1}{C}H_3$$
$$\qquad | \qquad |$$
$$\qquad CH_3 \quad CH_3$$

3-甲基-1-戊烯　　　　　　2-乙基-1-戊烯　　　　　　2,4-二甲基-2-戊烯

烯烃的物理性质一般也随着碳原子数目的增加而有规律地变化，明显体现量变到质变的规律。其化学性质与乙烯相似，也能使溴水、高锰酸钾溶液褪色，即能发生加成反

应、氧化反应和聚合反应。

第四节 乙炔与炔烃

一、乙炔

乙炔俗名电石气，纯净的乙炔是没有颜色、没有臭味的气体。由电石（CaC_2）法制得的乙炔常因混有少量的硫化氢、磷化氢等杂质而有特殊难闻的臭味。乙炔微溶于水，易溶于丙酮等有机溶剂。乙炔密度比空气稍小。

（一）乙炔的分子组成和结构

乙炔的分子式是 C_2H_2。从分子式可以看出，乙炔分子比乙烯分子少 2 个氢原子。在乙炔分子里碳原子间有三对共用电子对，通常把它称为三键。它的电子式、构造式和构造简式如下：

$$H:C⋮⋮C:H \qquad H—C≡C—H \qquad CH≡CH$$
$$电子式 \qquad\qquad 构造式 \qquad\qquad 构造简式$$

分子里的 2 个碳原子和 2 个氢原子处在同一直线上。它的球棍模型和比例模型如图 7-5 所示。

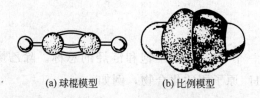

(a) 球棍模型　　(b) 比例模型

图 7-5　乙炔的分子模型

（二）乙炔的制法

工业上传统的方法是用焦炭和生石灰为原料，在电炉中反应制得电石（碳化钙 CaC_2），然后将电石与水反应制得乙炔。

$$CaO + 3C \xrightarrow[3000℃]{电炉} CaC_2 + CO\uparrow$$

$$CaC_2 + 2H_2O \longrightarrow C_2H_2 + Ca(OH)_2$$

由于生产电石需耗用大量的电能，所以目前工业上用的大量乙炔，主要是以天然气和石油作原料加工得到的。

实验室也用电石与水反应来制取乙炔。

【**演示实验 7-4**】 按图 7-6 装置。在烧瓶里放几小块电石，慢慢旋开分液漏斗的活塞，使水（为了缓解反应，通常用饱和食盐水代替，使产生的乙炔气流较均匀）缓慢滴入，用排水法收集乙炔。可观察到乙炔为无色气体。

（三）乙炔的化学性质

图 7-6　乙炔的制取

乙炔分子中含有 C≡C 不饱和的键，其中两个键较易断裂，其化学性质和乙烯基本相似。易发生氧化反应、加成反应等。

1. 加成反应

乙炔也能使溴水褪色，说明发生了加成反应。加成反应是不饱和烃的特征反应。因此，也可用来鉴别饱和烃与不饱和烃。乙炔的加成一般分两个阶段进行。

$$CH\equiv CH + Br-Br \longrightarrow \underset{Br\quad Br}{CH=CH}$$

1,2-二溴乙烯

$$\underset{Br\quad Br}{CH=CH} + Br-Br \longrightarrow \underset{Br\quad Br}{\overset{Br\quad Br}{CH-CH}}$$

1,1,2,2-四溴乙烷

在镍或铂作催化剂的条件下，乙炔能催化加氢生成乙烯，进一步反应而生成乙烷。

$$2CH\equiv CH + H_2 \xrightarrow{Ni} CH_2=CH_2 \xrightarrow[Ni]{H_2} CH_3-CH_3$$

在有催化剂存在的条件下加热，乙炔也能与氯化氢起加成反应生成氯乙烯，氯乙烯聚合可得聚氯乙烯，聚氯乙烯可制成塑料等。

$$CH\equiv CH + HCl \xrightarrow[\triangle]{催化剂} CH_2=CHCl$$

氯乙烯

氯乙烯可用来制聚乙烯塑料，用作包装材料和防雨材料等。其反应式为：

$$nCH_2=\underset{Cl}{CH} \xrightarrow[\triangle]{催化剂} {\left[CH_2-\underset{Cl}{CH} \right]}_n$$

此外，乙炔与氢氰酸加成得到丙烯腈，是制取腈纶纤维的原料；与醋酸加成得到醋酸乙烯酯，是合成纤维维纶的原料。总之，从乙炔出发可以合成塑料、橡胶、纤维以及许多有机合成的重要原料和溶剂，乙炔是非常重要的一种基本有机化工原料。

2. 氧化反应

点燃纯净的乙炔，火焰明亮而带浓烟，这是因为乙炔的含碳量高，这些碳没有得到充分燃烧的缘故。反应放出大量热。

$$2CH\equiv CH + 5O_2 \xrightarrow{点燃} 4CO_2 + 2H_2O$$

乙炔在纯氧中燃烧时，产生的氧炔焰温度可达3000℃以上，工业上常利用它来焊接或切割金属。乙炔易燃易爆，与一定比例的空气混合后，可形成爆炸混合物，其爆炸极限为2.55%～80.0%（体积分数）。乙炔在加压下不稳定，液态乙炔受到震动会爆炸，因此使用时必须注意安全。乙炔溶于丙酮时很稳定。工业上在储存乙炔的钢瓶中充填浸透丙酮的多孔物质（如石棉），再将乙炔压入钢瓶，就可以安全地运输和使用。

乙炔与乙烯一样，属于不饱和烃，它们均可使酸性高锰酸钾溶液褪色。

二、炔烃

链烃分子里含有碳碳三键（C≡C）的不饱和烃叫做炔烃。除乙炔外还有丙炔、丁炔等。

丙炔　　$CH_3—C≡CH$
丁炔　　$CH_3—CH_2—C≡CH$

乙炔的同系物也依次相差 1 个 CH_2 原子团，但它们比同数碳原子的烯烃少 2 个氢原子，炔烃的通式是 C_nH_{2n-2}（$n≥2$）。

炔烃的命名与烯烃相似，将烯烃中的"烯"改为"炔"字。例如：

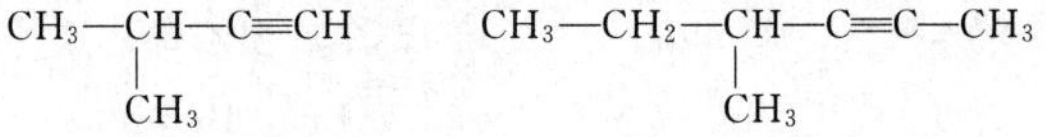

$$CH_3—CH—C≡CH \qquad CH_3—CH_2—C—C≡C—CH_3$$
$$\quad\quad\quad |\qquad\qquad\qquad\qquad\quad |$$
$$\quad\quad CH_3 \qquad\qquad\qquad\qquad CH_3$$

　　3-甲基-1-丁炔　　　　　4-甲基-2-己炔

炔烃的物理性质一般也随着分子中碳原子数目的增加而递变。炔烃在水中的溶解度比烷烃、烯烃稍大。其化学性质跟乙炔相似，都能使溴水、高锰酸钾溶液褪色，能发生加成反应、氧化反应等。

第五节　苯　芳香烃

烃类分子中，除了烷烃、烯烃、炔烃等链烃外，还有一类环状的烃类化合物叫环烃，根据它们的结构和性质，又可分为脂环烃和芳香烃两类。苯是芳香烃中最简单又最重要的化合物。

一、苯

苯是无色、有特殊气味、易挥发、有毒的液体。密度比水小，不溶于水，但能溶于乙醚、乙醇等有机溶剂中。

（一）苯的分子结构

苯的化学式是 C_6H_6。

构造式为：（略），构造简式为：（略）。

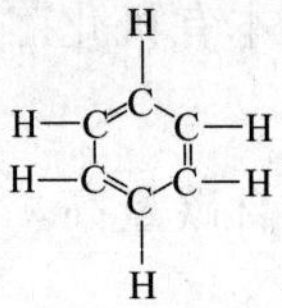

从苯的分子组成和结构来看，苯的化学性质应该显示不饱和烃的性质。事实是怎样的呢？

【演示实验 7-5】　在盛有苯的两支试管中，分别加入酸性高锰酸钾溶液和溴水，振荡后观察现象。

实验结果是：高锰酸钾和溴水均不褪色（溴水被萃取到上层苯中）。这说明，苯既不能被高锰酸钾氧化，又不能与溴水发生加成反应。苯必有特殊的结构。

经过研究后发现，苯分子具有平面正六边形结构，所有的碳原子和氢原子都处于同一平面。六个碳碳键都相同，它是一种介于单键和双键之间的特殊的键。为了表示苯分子的特殊结构，苯的构造简式也常用（略）表示。但绝不应认为苯是由单、双键交替组成的环状结构。苯分子的比例模型如图 7-7 所示。

(二)苯的化学性质和用途

因为苯分子的特殊结构,化学性质也具有其特性,即芳香性。芳香性,不在于其字面上的本意,而是指苯具有的特殊的稳定性,不易破裂,不易起加成反应(如不使溴水褪色)、不易氧化(如不使高锰酸钾褪色),而容易发生取代反应。

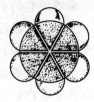

图 7-7 苯分子模型

1. 取代反应

苯分子里的氢原子能被其他原子或原子团代替而发生取代反应。根据取代基团不同,可分为卤代、硝化、磺化、烷基化和酰基化反应。

(1)卤代反应。在催化剂(铁屑或卤化铁)存在的条件下,苯分子中的氢原子能被卤原子取代,生成卤苯的反应称卤代反应。

$$\text{C}_6\text{H}_6 + \text{Cl}_2 \xrightarrow[55\sim60℃]{\text{FeCl}_3} \text{C}_6\text{H}_5\text{Cl}(\text{氯苯}) + \text{HCl}$$

氯苯是一种无色液体,不溶于水,但溶于某些有机溶剂。它是合成染料、制造药物和农药的原料。

(2)硝化反应。苯与浓硝酸和浓硫酸的混合酸于50~60℃下发生反应。

$$\text{C}_6\text{H}_6 + \text{HO}-\text{NO}_2 \xrightarrow[50\sim60℃]{\text{浓硫酸}} \text{C}_6\text{H}_5\text{NO}_2(\text{硝基苯}) + \text{H}_2\text{O}$$

苯分子里的氢原子被—NO_2(硝基)所取代的反应叫做硝化反应。

纯净的硝基苯是无色油状液体,常因溶有硝酸分解产生的NO_2而略带黄色。具有苦杏仁气味,密度比水大,难溶于水。主要用于制取苯胺、联苯胺、偶氮苯等。硝基苯毒性较强,吸入大量蒸气或皮肤大量沾染,可引起急性中毒,使血红蛋白氧化或络合,血液变成深棕褐色,并引起头痛、恶心、呕吐等,使用时要特别小心。

硝基苯被还原生成苯胺。

$$\text{C}_6\text{H}_5\text{NO}_2 \xrightarrow{\text{还原}} \text{C}_6\text{H}_5\text{NH}_2(\text{苯胺})$$

苯胺是一种重要的有机化工原料和精细化工中间体,由苯胺生产的较重要产品达300种,是塑料、香料、染料、医药及橡胶促进剂、防老剂的重要原料,还用于炸药中的稳定剂,汽油中的防爆剂等,并可作溶剂。

(3)磺化反应。苯与浓硫酸共热至70~80℃,发生如下反应:

$$\text{C}_6\text{H}_6 + \text{HO}-\text{SO}_3\text{H}(\text{硫酸(浓)}) \xrightarrow[70\sim80℃]{\triangle} \text{C}_6\text{H}_5\text{SO}_3\text{H}(\text{苯磺酸}) + \text{H}_2\text{O}$$

苯分子里的氢原子被—SO_3H(磺酸基)所取代的反应叫磺化反应。

磺化反应是有机合成的一个重要反应。工业上生产合成洗涤剂、药物、染料往往要应用磺化反应。磺酸能溶于水,在制备染料时常把磺酸基引入不易溶于水的物质分子内，来增加它的水溶性。

例如，合成洗涤剂烷基苯磺酸钠。由直链烷基苯（LAB）用三氧化硫或发烟硫酸磺化生成烷基磺酸，再中和制成烷基苯磺酸钠，已被国际安全组织认定为安全化工原料，可在水果和餐具清洗中应用。烷基苯磺酸钠在洗涤剂中使用的量最大，由于采用了大规模自动化生产，价格低廉。其直链结构的烷基苯磺酸钠易生物降解，生物降解性可大于90%，对环境污染程度小。

烷基苯磺酸钠是中性的，对水硬度较敏感，不易氧化，起泡力强，去污力高，易与各种助剂复配，成本较低，合成工艺成熟，应用领域广泛，是非常出色的阴离子表面活性剂。对蛋白污垢的作用高于非离子表面活性剂，且泡沫丰富。但烷基苯磺酸钠耐硬水较差，去污性能可随水的硬度增加而降低，因此以其为主活性剂的洗涤剂必须与适量螯合剂配用。此外，脱脂力较强，手洗时对皮肤有一定的刺激性，洗后衣服手感较差，宜用阳离子表面活性剂作柔软剂漂洗。

2. 加成反应

苯虽然不能与溴水、氯化氢等起加成反应，但在加热和催化剂（镍）的作用下，苯能与氢气发生加成反应，生成环己烷（C_6H_{12}）。

$$\text{苯} + 3H_2 \xrightarrow[\Delta]{Ni} \text{环己烷}$$

环己烷

环己烷是无色液体，不溶于水，是重要的化工原料，主要用于合成尼龙纤维。也是大量使用的工业溶剂，如用于塑料工业中，溶解导线涂层的树脂。还用作油漆的脱漆剂、精油萃取剂等。

苯也是一种重要的有机化工原料，它可用于生产合成纤维、合成橡胶、塑料、农药、医药、染料、香料、树脂等，同时也是常用的有机溶剂和钢铁热处理的渗碳剂。

二、芳香烃

芳香烃简称芳烃。是指分子中含有苯环结构的碳氢化合物。芳烃最初是由天然的香精油、香树脂中提取出来的，具有芳香气味，因此得名。随着科学的发展，已发现许多具有芳烃特性的化合物并没有香味，不过习惯上仍然沿用这个名称。

了解芳烃，首先要认识苯的同系物。苯的同系物可看作苯分子里的氢原子被烃基取代的产物，例如，一个氢原子被取代：

甲苯（CH_3） 乙苯（CH_2CH_3） 丙苯（$CH_2CH_2CH_3$） 异丙苯（CH_3CHCH_3）

两个氢原子被取代：

邻二甲苯　　　间二甲苯　　　对二甲苯

可见，苯及其同系物，彼此间相差一个或几个 CH_2 原子团，苯的同系物的通式为 C_nH_{2n-6}（$n \geqslant 6$）。

苯的同系物与苯的性质相似。例如它们都能燃烧并产生带浓烟的火焰；在苯环上它们都不易发生加成和氧化反应，而容易发生取代反应等。

例如，甲苯跟浓硝酸、浓硫酸的混合酸发生硝化反应，可制得三硝基甲苯，俗名梯恩梯（TNT）

$$C_6H_5CH_3 + 3HO-NO_2 \xrightarrow{\text{浓 } H_2SO_4} C_6H_2(CH_3)(NO_2)_3 + 3H_2O$$

TNT 是一种烈性炸药，在国防、开矿、筑路、兴修水利等方面都有广泛用途。

由于苯环和侧链间相互影响，使苯的同系物的有些性质与苯不同。如苯环与氧化剂不起反应，而侧链就容易被氧化。如甲苯、二甲苯都能被高锰酸钾氧化。这个性质可以区分苯和苯的同系物。

本章小结

一、概述

有机物：含碳元素的化合物。

有机物的特点：种类多；受热易分解；易燃烧；不易导电；熔点低；难溶于水，易溶于有机溶剂；反应速率慢并伴有副反应发生。

二、甲烷与烷烃

烃：只含 C、H 元素的有机物。

烷烃：只含有 C—C、C—H 键；通式为 C_nH_{2n+2}；系差 CH_2。

同系列：具有同通式，组成上相差一个或几个系差，结构相似，化学性质相似的一系列化合物；同系列中的化合物互称同系物。

系统命名法：①选主链，选含支链最多的最长碳链；②编号，靠近支链一端开始编号；③写名称，按取代基位次、数目、名称、母体名称的顺序。

性质：难溶于水，易溶于有机溶剂。化学性质一般较稳定，但在特定条件下能发生取代、氧化及热分解反应。

甲烷的实验室制法：以无水醋酸钠和碱石灰为原料加热制取。

三、乙烯与烯烃

烯烃：分子结构中存在 C=C，通式为 C_nH_{2n}。

性质：易发生加成反应和氧化反应。

乙烯的实验室制法：无水酒精和浓硫酸加热至 170℃。

四、乙炔与炔烃

炔烃：分子结构中存在 C≡C，通式为 C_nH_{2n-2}。

性质：与烯烃相似，易发生加成反应和氧化反应。

乙炔的实验室制法：用电石和水反应制取。

五、苯　芳香烃

苯的同系物：通式为 C_nH_{2n-6}。苯是芳烃的代表。

苯的性质：在一定条件下发生取代反应，较难发生加成和氧化反应。

苯的同系物与苯的区分：苯的同系物能使高锰酸钾溶液褪色，而苯不能。

阅读材料

苯的发现和苯分子结构学说

苯是在 1825 年由英国科学家法拉第（Michael Faraday，1791—1867）首先发现的。19 世纪初，英国和其他欧洲国家一样，城市的照明已普遍使用煤气。从生产煤气的原料中制备出煤气之后，剩下一种油状的液体却长期无人理会。法拉第是第一位对这种油状液体感兴趣的科学家。他用蒸馏的方法将这种油状液体进行分离，得到另一种液体，实际上就是苯。当时法拉第将这种液体称为"氢的重碳化合物"。

1834 年，德国科学家米希尔里希（E. E. Mitscherlich，1794—1863）通过蒸馏苯甲酸和石灰的混合物，得到了与法拉第所制液体相同的一种液体，并命名为苯。待有机化学中的正确的分子概念和原子价概念建立之后，法国化学家日拉尔（C. F. Gerhardt，1815—1856）等人又确定了苯的分子量为 78，分子式为 C_6H_6。苯分子中碳的相对含量如此之高，使化学家们感到惊讶。如何确定它的构造式呢？化学家们为难了：苯的碳、氢比值如此之大，表明苯是高度不饱和的化合物；但它又不具有典型的不饱和化合物应具有的易发生加成反应的性质。

德国化学家凯库勒是一位极富想象力的学者，他曾提出了碳四价和碳原子之间可以连接成链这一重要学说。对苯的结构，他在分析了大量的实验事实之后认为：这是一个很稳定的"核"，6 个碳原子之间的结合非常牢固，而且排列十分紧凑，它可以与其他碳原子相连形成芳香族化合物。于是，凯库勒集中精力研究这 6 个碳原子的"核"。在提出了多种开链式结构但又因其与实验结果不符而一一否定之后，1865 年他终于悟出闭合链的形式是解决苯分子结构的关键，他先以（Ⅰ）式（如图 7-8）表示苯结构。1866 年他又提出了（Ⅱ）式，后简化为（Ⅲ）式，也就是我们现在所说的凯库勒式。

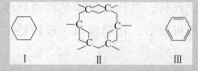

图 7-8　凯库勒提出的苯分子的几种构造式

有人曾用 6 只小猴子形象地表示苯分子的结构，如图 7-9。

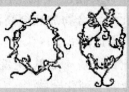

图 7-9 邮票上的凯库勒像和 6 只小猴组成的苯分子示意图

关于凯库勒悟出苯分子的环状结构的经过，一直是化学史上的一个趣闻。据他自己说这来自于一个梦。那是他在比利时的根特大学任教时，一天夜晚，他在书房中打起了瞌睡，眼前又出现了旋转的碳原子。碳原子的长链像蛇一样盘绕卷曲，忽见一蛇抓住了自己的尾巴，并旋转不停。他像触电般地猛醒过来，整理苯环结构的假说，又忙了一夜。对此，凯库勒说："我们应该会做梦！……那么我们就可以发现真理……但不要在清醒的理智检验之前，就宣布我们的梦。"

应该指出的是，凯库勒能够从梦中得到启发，成功地提出重要的结构学说，并不是偶然的。这是由于他善于独立思考，平时总是冥思苦想有关的原子、分子、结构等问题，才会梦其所思；更重要的是，他懂得化合价的真正意义，善于捕捉直觉形象；加之以事实为依据，以严肃的科学态度进行多方面的分析和探讨，这一切都为他取得成功奠定了基础。

习 题

1. 选择题

(1) 下列属于有机物的一组是_____。

A. H_2CO_3、$NaOH$、H_2SO_4 B. CH_3COOH、CH_4、C_2H_2

C. CH_3CHO、$CaCO_3$、CO_2 D. C_6H_6、CO、$CO(NH_2)_2$

(2) 下列化合物能使高锰酸钾褪色，但不能使溴水褪色的是_____。

A. 乙烯 B. 甲烷 C. 苯 D. 甲苯

(3) 下列各组物质中，互为同分异构体的是_____。

A. $CH_3CH_2CH_3$ 和 $CH_3CH={CH_2}$

B. $CH_2={CH_2}$ 和 CH_3CHCH_3
    　　　　　　　　　　|
    　　　　　　　　　CH_3

C. $CH_3CH_2CH_3$ 和 CH_3CH_3

D. $CH_3CH_2CH_2CH_3$ 和 $CH_3CH_2CHCH_3$
    　　　　　　　　　　　　　　　|
    　　　　　　　　　　　　　　CH_3

(4) 丙烯和氯化氢的反应是_____。

A. 取代反应 B. 化合反应

C. 聚合反应 D. 加成反应

(5) 实验室制取乙烯的正确方法是_____。

A. 乙醇与浓硫酸在 170℃ 条件下反应

B. 电石直接与水反应

C. 无水醋酸钠与碱石灰混合物加热至高温

D. 醋酸钠与氢氧化钠混合物加热至高温

2. 写出下列烷烃的构造简式。

(1) 辛烷　　(2) 2-甲基-4-乙基-庚烷　　(3) 2,2,3,4-四甲基戊烷

3. 用系统命名法命名下列化合物。

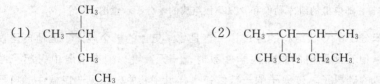

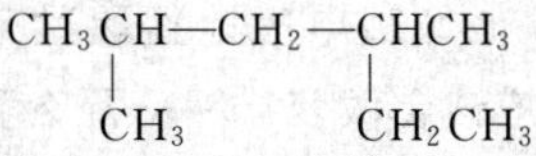

4. 完成下列化学方程式。

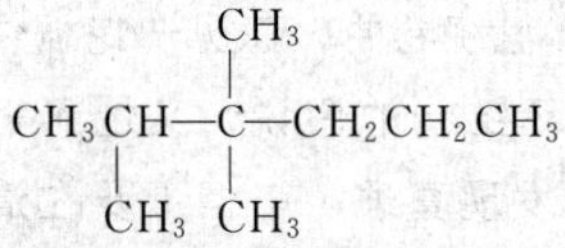

(1) 甲烷在强光照射下与氯气反应

(2) 乙烯在酸性条件下与水反应

(3) 用乙炔制取聚氯乙烯

(4) 苯和浓硫酸反应

(5) 乙炔和氢气反应

5. 什么叫有机物？有机物有什么特点？

6. 什么叫同系物？什么叫同分异构体？举例说明。

7. 写出乙烯和乙烷的电子式和构造式。并比较它们在分子结构和化学性质上有哪些不同。

8. 衣物上沾染油污时，可用汽油清洗，你能说明为什么吗？

9. 烷烃常用作工业或民用燃料，为什么？

10. 实验室制取乙烯要注意哪些问题？为什么？

11. 庚烷可用作聚丙烯生产中的溶剂，但要求不能含有烯烃。试设计适当的试验方法检验庚烷中是否含有烯烃。如果有，如何除去？

12. 用两种简便的方法鉴别乙烷和乙炔。

13. 实验室制取甲烷用什么原料？整套装置还可用来制取什么气体？

14. 苯分子有高度不饱和性，但不易发生加成和氧化反应，为什么？

15. 怎样区别苯和苯的同系物？

16. 用电石、食盐、水为原料制取聚氯乙烯，写出有关化学方程式。

第八章
烃的衍生物

学习目标

掌握醇类、酚类的结构特征及乙醇、苯酚的主要性质。了解乙醚的结构。掌握醛的结构特征及乙醛的主要性质，了解丙酮的结构及用途。掌握羧酸的结构特征及乙酸的性质、用途。了解乙酸乙酯的结构和用途。了解卤代烃的结构特点及氯乙烷的重要性质。

烃分子中的氢原子被其他原子或原子团取代以后的产物叫做烃的衍生物。

烃的衍生物具有与相应的烃不同的化学特性，这是因为取代氢原子的原子或原子团对于衍生物的性质起着很重要的作用。这种决定化合物的化学特性的原子或原子团叫做官能团。上一章介绍的碳碳双键和碳碳三键则分别是烯烃和炔烃的官能团。

烃的衍生物种类很多，一般是按官能团来分类。本章通过典型代表物介绍醇、酚、醚、醛、酮、羧酸、酯、卤代烃等烃的重要衍生物。

第一节 乙醇 苯酚 乙醚

醇、酚和醚都是烃的含氧衍生物。三类物质中最常见的是乙醇、苯酚和乙醚。

一、乙醇

乙醇俗称酒精，是酒的主要成分。我国是酒的发源地，酿酒历史悠久。

乙醇的构造式如下：

$$\begin{array}{c} H\ \ H \\ | \ \ \ | \\ H-C-C-OH \\ | \ \ \ | \\ H\ \ H \end{array}$$

构造简式为：CH_3CH_2OH 或 C_2H_5OH。

乙醇是一种无色、透明而且具有特殊香味的液体。密度比水小。乙醇的沸点是78.5℃，比分子量接近的烷烃高得多。易挥发，能够溶解许多有机物和无机物；能与水以任意比例混溶。工业用的酒精约含乙醇 96%（质量分数）。含乙醇 99.5% 以上的酒精叫做无水酒精。

（一）乙醇的来源和制法

我国几千年前就发明了用发酵法酿酒，原料为富含淀粉的各种农产品，如高粱、玉米、薯类以及各种野生果实。这些物质经酒曲发酵，再经蒸馏可以得到酒精（含 95% 乙醇）。

现在大量的乙醇是用石油裂解生产的乙烯为原料。在加热、加压和催化剂存在下，乙烯与水发生加成反应生成乙醇。称为乙烯水合法。

$$CH_2=CH_2 + H_2O \xrightarrow[\text{加热、加压}]{\text{催化剂}} CH_3-CH_2-OH$$

乙烯　　　　　　　　　　乙醇

乙烯水合法生产乙醇，可以节约大量的粮食，成本较低，原料充足。

（二）乙醇的化学性质和用途

从分子结构可知，乙醇的分子是由乙基（—CH_2CH_3）和羟基（—OH）组成的。乙醇的官能团羟基（—OH）比较活泼，它决定着乙醇的主要化学性质。

1. 与活泼金属反应

【演示实验 8-1】 在试管中加入 1mL 无水乙醇，然后放入 1 粒绿豆大小的金属钠。检验反应中放出的气体。

实验证明，乙醇与金属钠反应生成乙醇钠，并放出氢气。

$$2CH_3CH_2OH + 2Na \longrightarrow 2CH_3CH_2ONa + H_2$$

乙醇分子中羟基中的氢原子比烃分子中的氢原子活泼，可被活泼金属（如钠、钾、镁、铝）置换。乙醇与钠的反应不如金属与水反应剧烈，放出的热量不能使氢气燃烧或爆炸。

2. 氧化反应

乙醇能在空气中燃烧，产生浅蓝色的火焰，并放出大量的热，故可用作气体燃料。如实验室加热时常用的酒精灯、酒精喷灯，都是用乙醇作为燃料的。

$$CH_3CH_2OH + 3O_2 \xrightarrow{\text{点燃}} 2CO_2 + 3H_2O$$

乙醇在加热和催化剂（Cu 或 Ag）存在的条件下，能够被空气部分氧化，生成乙醛。

$$2CH_3CH_2OH + O_2 \xrightarrow[\triangle]{Ag} 2CH_3CHO + 2H_2O$$

乙醇　　　　　　乙醛

醇被重铬酸钾和硫酸氧化成酸的同时，六价铬被还原为三价铬：

$$3C_2H_5OH + 2K_2Cr_2O_7 + 8H_2SO_4 \longrightarrow$$
（橙红色）

$$3CH_3COOH + 2Cr_2(SO_4)_3 + 2K_2SO_4 + 11H_2O$$
（绿色）

此反应中溶液由橙红色变为绿色。交警检查司机酒后驾车的"呼吸分析仪"（即测酒仪，见图 8-1）就是以此原理设计的。

图 8-1　测酒仪

此外，乙醇的蒸气在高温下通过活性铜或银、镍等催化剂发生脱氢反应，生成乙醛。

$$CH_3CH_2OH \xrightleftharpoons[250\sim350℃]{Cu} CH_3CHO + H_2$$

在有机反应里，常把加氧去氢的反应叫氧化，反之，把加氢去氧的反应叫还原。

3. 与氢卤酸反应

乙醇与氢卤酸反应时，乙醇分子中的羟基被卤原子取代，生成卤代烷和水，例如，乙醇与氢碘酸（47%）一起加热，可生成碘乙烷。

$$CH_3CH_2-\boxed{OH + H}-I \xrightarrow{加热} CH_3CH_2I + H_2O$$

4. 脱水反应

乙醇和浓硫酸混合共热时，发生脱水反应。脱水产物因反应条件不同而不同。
在170℃左右时乙醇分子内脱水，生成乙烯。

$$\begin{array}{c}CH_2-CH_2\\ \boxed{|\quad\quad|}\\ H\quad\ OH\end{array} \xrightarrow[170℃]{浓硫酸} CH_2=CH_2\uparrow + H_2O$$

分子内脱水

乙醇分子内脱水反应属于消去反应。从有机化合物分子中脱去一些小分子（如卤化氢、水等）而生成不饱和化合物的反应，叫做消去反应。

如控制温度在140℃左右，则两个乙醇分子间脱水生成乙醚。

$$CH_3CH_2-\boxed{OH + H}-O-CH_2CH_3 \xrightarrow[140℃]{浓硫酸} CH_3CH_2-O-CH_2CH_3 + H_2O$$

分子间脱水

这说明反应条件对有机反应进行的方向有很大的影响。必须重视反应条件及其控制。

乙醇具有广泛的用途。它是一种重要的有机化工原料。用于制造合成纤维、香料和药物等。乙醇又是一种优良的有机溶剂。无水乙醇可用于擦拭音像设备的磁头。在医疗上常用75%的乙醇水溶液作消毒剂。30%～50%的酒精还可用于为高烧病人降低体温。

各种酒中都含有乙醇。酒精可抑制人的大脑功能，过度饮酒有损健康。在饮料生产时不能用工业酒精作原料，因为工业酒精往往含有甲醇（又叫木醇、木精），甲醇有毒，饮用后轻者使人失明，重者导致死亡。

（三）醇

除乙醇外，还有一些在结构和性质上跟乙醇很相似的物质，如甲醇（CH_3OH）、丙醇（$CH_3CH_2CH_2OH$）等。醇是链烃基与羟基结合而成的化合物。羟基是醇的官能团。

分子里含有一个羟基的醇叫做一元醇，其通式为 R—OH。

分子里含两个羟基的醇叫二元醇，如乙二醇（俗称甘醇）。分子里含有两个以上羟基的醇叫多元醇，如丙三醇（俗称甘油）。

丙三醇为无色有甜味的黏稠液体，以酯的形式广泛存在于自然界中。甘油大量用来制造硝酸甘油，这是一种烈性炸药的主要成分。硝酸甘油有扩张冠状动脉的作用，在医药上用来治疗心绞痛等。甘油有甜味和吸水性，常用作食品、化妆品、纺织品的吸湿剂。含水 20% 的甘油护肤效果好。能防止皮肤干裂。此外，还可作润滑剂、防冻剂等。

二、苯酚

羟基与芳香环直接相连的化合物叫做酚。苯酚是最简单的也是最重要的酚。

苯酚的化学式是 C_6H_6O，它的构造式为：

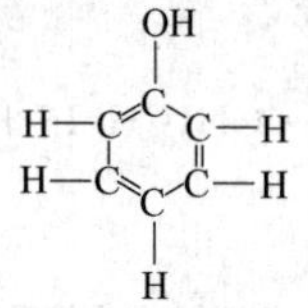

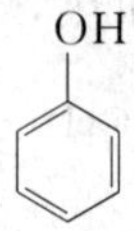

酚和醇的分子中虽都含有羟基，但是酚中羟基直接与芳香环相连，而醇的羟基却与链烃基直接相连，如：C₆H₅—CH₂OH （苯甲醇）不属于酚类物质。

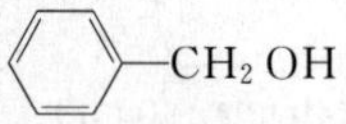

（一）苯酚的来源及物理性质

苯酚俗称石炭酸，天然酚是从煤和木材干馏得到。目前工业上大规模生产苯酚的方法是异丙苯氧化法。原料是从石油炼厂气中得到的苯和丙烯。

纯净的苯酚是无色、具有特殊气味的针状晶体。放在空气中会部分氧化而呈粉红色。苯酚在常温下微溶于水，当温度高于 70℃ 时，能与水以任意比例互溶。苯酚易溶于乙醇、苯等有机溶剂。苯酚有毒，其溶液对皮肤有腐蚀作用，使用时要小心。如不慎溅到皮肤上，应立即用酒精洗涤。

（二）苯酚的化学性质及用途

苯酚的主要化学性质是酚羟基的酸性及苯环上的取代反应。

1. 苯酚的酸性

苯酚具有弱酸性，它能与氢氧化钠等强碱反应，生成易溶于水的苯酚钠。

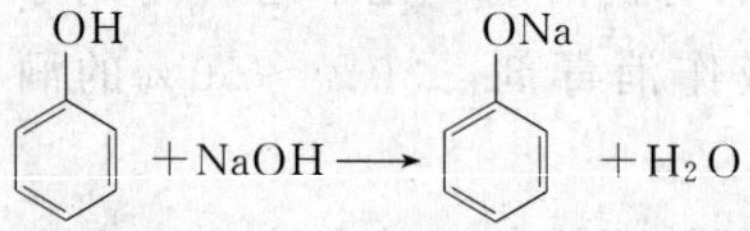

$$C_6H_5OH + NaOH \longrightarrow C_6H_5ONa + H_2O$$

苯酚的酸性很弱，在水溶液中只电离出极少量的氢离子，甚至不能使指示剂变色。如果将二氧化碳通入苯酚钠的溶液中，苯酚便可游离出来。

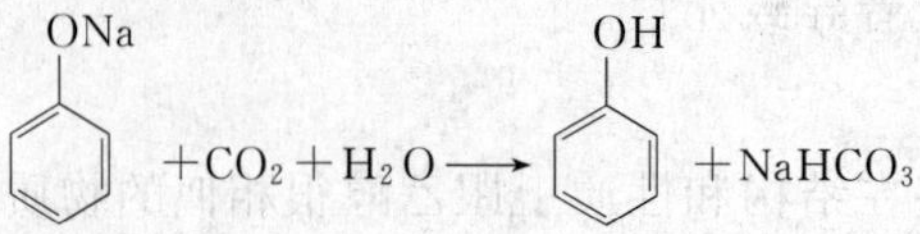

$$C_6H_5ONa + CO_2 + H_2O \longrightarrow C_6H_5OH + NaHCO_3$$

说明苯酚的酸性比碳酸弱。

2. 苯环上的取代反应

在苯酚的分子中，羟基影响了苯环，使其邻位和对位的氢原子变得很活泼，能与卤素、硝酸、硫酸等发生取代反应，而且易生成多元取代物。

在常温下，苯酚与过量的溴水作用，能立即生成 2,4,6-三溴苯酚的白色沉淀，该反应灵敏，可作为苯酚的定性和定量分析。

$$\underset{\text{苯酚}}{C_6H_5OH} + 3Br_2 \longrightarrow \underset{\text{2,4,6-三溴苯酚}}{C_6H_2Br_3OH} \downarrow + 3HBr$$

苯酚也可与浓硝酸作用生成2,4,6-三硝基苯酚（俗名苦味酸），其水溶液酸性很强。苦味酸可做炸药，制染料。

3. 显色反应

苯酚与氯化铁溶液作用生成酚铁配离子，呈现紫色，利用它也可以检验苯酚的存在。

苯酚是一种重要的化工原料。大量用于生产塑料（如酚醛树脂、环氧树脂、聚碳酸树脂等）、合成纤维（如尼龙-6、尼龙-66等）、医药、农药和染料等。由于其具有杀菌作用，还可用作防腐剂和消毒剂。

三、乙醚

乙醚由乙醇分子间脱水制得。制得的乙醚中混有少量乙醇和水，可用无水氯化钙处理后，再用金属钠处理除去。

乙醚的化学式为$C_4H_{10}O$，构造简式为$CH_3CH_2—O—CH_2CH_3$或$CH_3CH_2OCH_2CH_3$。

乙醚为无色透明、具有香味的液体，沸点低（34.5℃），极易挥发和着火。乙醚比水轻，微溶于水，易溶于有机溶剂。

乙醚性质稳定，又能溶解许多有机化合物，如生物碱、油类、脂肪、染料、香料以及天然树脂、合成树脂、硝化树脂等，因此是常用的优良溶剂。乙醚具有麻醉作用，可用作外科手术的麻醉剂。大量吸入乙醚蒸气能使人失去知觉，甚至死亡。

有机化学中，把两个烃基通过一个氧原子相连而形成的化合物称为醚，其一般表达式为R—O—R′或ROR′。醚分子中含有C—O—C键，称醚键，是醚的官能团。

第二节　乙醛　丙酮

乙醛、丙酮都属于羰基化合物，它们分子中都含有羰基$\left(—\overset{\overset{O}{\|}}{C}—\right)$，化学性质具有相似性。

一、乙醛

乙醛分子可以看作甲烷分子中的一个氢原子被一个醛基（—CHO）取代的产物。官能团是—CHO，即醛基。

乙醛的化学式为C_2H_4O，构造式为 $H—\overset{\overset{H}{|}}{\underset{\underset{H}{|}}{C}}—\overset{\overset{O}{\|}}{C}—H$，构造简式为：$CH_3—\overset{\overset{O}{\|}}{C}—H$ 或CH_3CHO。

乙醛为无色、有刺激性气味的液体，比水轻，沸点为 20℃，易挥发，能与水及有机溶剂互溶。

（一）乙醛的制法

乙醛的生产方法有乙醇氧化法、乙炔水合法和乙烯直接氧化法。前面讲到的乙醇氧化制乙醛，需要消耗大量的原料乙醇，而生产乙醇需要耗用大量粮食，所以这种方法适合于能大量生产廉价合成乙醇的国家。乙炔水合法是较早使用的方法，技术成熟，缺点是汞盐作催化剂毒性较大。目前，工业上主要采用乙烯直接氧化法制乙醛。

$$2CH_2=CH_2+O_2 \xrightarrow[120\sim130℃,0.3MPa]{PdCl_2\text{-}CuCl_2} 2CH_3CHO$$

这个方法流程简单，产率较高，生产成本低，缺点是对设备的腐蚀严重。

（二）乙醛的化学性质和用途

醛基比较活泼。乙醛的化学性质主要由醛基官能团决定。乙醛能发生加成、氧化等反应。

1. 加成反应

醛基 $\left(\begin{matrix}O\\\|\\-C-H\end{matrix}\right)$ 中含有碳氧双键，是个不饱和基团，容易发生加成反应。例如乙醛在镍、铂、钯等催化剂存在下，与氢气发生加成反应，被还原成乙醇。

$$CH_3-\overset{\overset{O}{\|}}{C}-H + H_2 \xrightarrow[\triangle]{Ni} CH_3CH_2-OH$$

2. 氧化反应

醛基上的氢原子受羰基的影响，特别活泼，易被氧化。不仅强氧化剂可以使其氧化，弱氧化剂也能将醛基氧化成碳原子数目相同的羧酸。所以醛基具有较强的还原性。

（1）氧化制乙酸。乙醛容易被氧化，生成乙酸，这也是工业上生产乙酸的方法之一。

$$2CH_3-CHO+O_2 \xrightarrow{催化剂} 2CH_3-\underset{乙酸}{COOH}$$

（2）银镜反应和斐林反应。乙醛还可以被一些弱氧化剂氧化。

【演示实验 8-2】 在洁净的试管中加入 2mL 2% 的硝酸银溶液，一边摇动试管，一边逐滴加入 2% 的氨水，直到最初产生的沉淀恰好溶解为止。这时得到的溶液通常叫做银氨溶液。然后再滴加入几滴乙醛，振荡，把试管置于热水中温热片刻，观察现象。

可以看到试管壁上会附着一层光亮如镜的金属银。这是因为乙醛被氧化，而硝酸银的氨溶液被还原为银，附着在试管的内壁上，形成银镜，所以这个反应叫银镜反应。

$$CH_3CHO+2Ag(NH_3)_2OH \xrightarrow{\triangle} CH_3COONH_4+2Ag\downarrow+H_2O+3NH_3$$

银镜反应常用来检验醛基的存在。工业上利用这一反应原理，常用含醛基的葡萄糖作还原剂,把银均匀地镀在玻璃上制镜或制造保温瓶胆。

乙醛也能和另一种弱氧化剂斐林试剂反应。斐林试剂由硫酸铜溶液(A)和酒石酸钾钠的氢氧化钠溶液(B)混合配制而成,其中的氧化剂为两价铜离子。乙醛与斐林试剂加热到沸腾,发生反应,乙醛被氧化成乙酸,而两价铜离子被还原成红色的氧化亚铜沉淀。

$$CH_3CHO + 2Cu(OH)_2 + NaOH \xrightarrow{\triangle} CH_3COONa + Cu_2O\downarrow + 3H_2O$$

这也是检验醛基的一种方法。医学上可用此反应来检验病人尿液中是否含有超标准的葡萄糖而诊断是否患有糖尿病。

乙醛是重要的有机合成原料,主要用来生产乙酸和乙酸酐,也用于生产正丁醇、季戊四醇、三氯乙醛等有机产品,还可用于合成丁二烯,作为合成橡胶的原料。

(三)其他重要的醛

脂肪烃或芳香烃侧链上的氢原子被醛基取代后生成的产物称为醛(甲醛除外)。醛的通式为:$R-\overset{O}{\underset{\|}{C}}-H$ 或 RCHO。下面介绍其他几种重要的醛。

1. 甲醛(HCHO)

甲醛又名蚁醛,是具有强烈刺激性气味的气体。沸点-21℃,容易燃烧。其蒸气与空气形成爆炸性混合物,爆炸极限为7%~73%(体积分数)。

甲醛易溶于水,一般以水溶液的形式保存和出售。35%~40%的甲醛溶液,又称福尔马林,常用作消毒剂和保存动物标本或尸体的防腐剂。农业上用它来浸种以防止稻瘟病。甲醛有毒,对眼黏膜、皮肤都有刺激作用,过量吸入其蒸气会引起中毒。

甲醛性质活泼,极易聚合成多聚甲醛。多聚甲醛为白色固体,加热至180~200℃,可以解聚成气态甲醛,这是保存甲醛的一种重要形式。也因为这种性质,用它来作为仓库熏蒸剂或病房消毒剂。

甲醛的用途很广,大量用于制造酚醛树脂、合成纤维、制革工业等。还可用作制氯霉素、香料、染料的原料。

新装修的房子里一般甲醛容易超标。室内的甲醛多来源于各类人造板材(大芯板、九厘板、中密度板等);涂料和油漆也含有一定甲醛,但含量较低。解决甲醛释放过多的办法有:减少大芯板和其他人造板材的使用量;尽量购买环保的人造板材;板材进场后使用甲醛清除剂涂刷板材,然后再对板材进行加工。另摆放植物(吊兰)可有效吸收甲醛。

2. 苯甲醛 ($\bigcirc$—CHO)

苯甲醛是最简单的芳醛,俗称苦杏仁油,是有杏仁香味的无色液体,沸点179℃,微溶于水,易溶于乙醚、乙醇等有机溶剂。在自然界以糖苷的形式存在于桃、杏等水果的核仁中。

苯甲醛是有机合成的重要原料,在工业上用于生产肉桂醛、肉桂酸等有机产品,又可用作调味剂。现代工业常用甲苯氧化制取苯甲醛,也可利用苯二氯甲烷水解来制得。

二、丙酮

丙酮的化学式为 C_3H_6O，构造式为 $CH_3-\overset{\overset{O}{\|}}{C}-CH_3$，构造简式为 CH_3COCH_3。

丙酮是无色具有香味的液体，沸点 56.2℃，易挥发，易燃烧。丙酮能与水、乙醇、乙醚等以任意比例互溶。丙酮是重要的有机溶剂，广泛用于油漆、炸药、电影胶片等生产中。它也是重要的有机合成原料，用于制造有机玻璃、环氧树脂、合成橡胶、氯仿、碘仿等产品。生活中将其用作某些家庭生活用品（如液体蚊香）的分散剂。化妆品中的指甲油含丙酮达 35%。

丙酮是最简单的酮，酮是分子中含有羰基 $\left(-\overset{\overset{O}{\|}}{C}-\right)$ 的烃的衍生物，其通式为 $R-\overset{\overset{O}{\|}}{C}-R'$，其中 R 和 R′可以相同，也可以不同。相同碳原子数的醛和酮互为同分异构体。

酮类化合物比醛类化合物稳定，不易被氧化。如丙酮不能发生银镜反应和斐林反应。故可用这两个反应来鉴别醛与酮。

第三节　乙酸　乙酸乙酯

烃分子中的氢原子被羧基（—COOH）取代后生成的衍生物，由于在水溶液中能电离出氢离子，具有明显的酸性，故称为羧酸。羧酸与醇脱水生成酯。羧酸和酯都是重要的烃的含氧衍生物。

一、乙酸

乙酸（CH_3COOH）俗称醋酸，是食醋的主要成分，普通的食醋约含 3%~5% 的乙酸。

乙酸的化学式为 $C_2H_4O_2$，构造式为 $H-\overset{\overset{H}{|}}{\underset{\underset{H}{|}}{C}}-\overset{\overset{O}{\|}}{C}-OH$，简写为 CH_3COOH。

其中 $-\overset{\overset{O}{\|}}{C}-OH$（简写为—COOH）叫羧基，是羧酸的官能团。

乙酸是无色有刺激性气味的液体，熔点 16.6℃，易冻结成冰状固体，所以无水乙酸又叫冰醋酸。乙酸与水能任意互溶，也可溶于其他有机溶剂中。

（一）乙酸的来源和制法

许多羧酸最初都是从天然产物中得到的。淀粉发酵制得酒，在空气中醋酸菌的作用下，酒经过发酵，就转化成醋。

乙酸的工业制法除用前面介绍过的乙醛氧化法制得外，还有一种更好的合成法，即用甲醇与一氧化碳为原料，以铑的配合物为催化剂来制取乙酸。

$$CH_3-OH + CO \xrightarrow{\text{铑的配合物}} CH_3-COOH$$
甲醇　　　　　　　　乙酸

（二）乙酸的化学性质和用途

羧酸是具有酸性的有机物，可与碱反应生成盐。羧基中的羟基还可被许多其他基团取代生成羧酸衍生物。这里介绍羧酸的酸性和与醇的酯化反应。

1. 酸性

乙酸具有明显的酸性，在水溶液中能解离出氢离子。

乙酸是弱酸，但其酸性比碳酸强，并具有酸的通性。乙酸在水中，可部分离解出氢离子。

$$CH_3COOH \rightleftharpoons CH_3COO^- + H^+$$

乙酸可以和碱作用生成乙酸盐。

$$CH_3COOH + NaOH \longrightarrow CH_3COONa + H_2O$$
乙酸钠

2. 酯化反应

在有浓硫酸存在并加热的条件下，乙酸能与乙醇发生反应生成乙酸乙酯和水。浓硫酸起催化剂和脱水剂的作用。

$$CH_3-\overset{O}{\underset{\|}{C}}-OH + HO-CH_2CH_3 \xrightarrow[\triangle]{\text{浓 } H_2SO_4} CH_3-\overset{O}{\underset{\|}{C}}-OCH_2CH_3 + H_2O$$
乙酸乙酯

由于乙酸乙酯在同样的条件下，又能部分地发生水解反应，生成乙酸和乙醇，所以上述反应是可逆的。

酸与醇作用生成酯和水的反应叫做酯化反应。

乙酸是重要的有机溶剂，也是重要的化工原料。在照相材料、人造纤维、合成纤维、染料、香料、制药、橡胶、食品等工业都具有广泛应用。乙酸还具有杀菌能力，0.5%～2%的乙酸稀溶液可用于烫伤或灼伤感染的创面洗涤。用食醋熏蒸室内，可预防流行性感冒。食醋是重要的调味品，用食醋佐餐可帮助消化，防治肠胃炎等疾病。

（三）重要的羧酸

在有机化合物里，有一大类化合物，它们和乙酸相似，分子里都含有羧基。分子里烃基和羧基直接连接的有机化合物叫羧酸。

根据羧酸分子里所含羧基数目的不同，可以分为一元羧酸和二元羧酸。含有一个羧基的叫一元羧酸；含有两个羧基的叫二元羧酸。也可根据羧基所连接的烃基不同，分为脂肪酸（如乙酸）和芳香酸（如苯甲酸）。一元羧酸的通式为RCOOH。

1. 甲酸

甲酸（H—COOH）俗称蚁酸。存在于某些蚁类的分泌液中。甲酸是羧酸中最简单的一种。它的结构比较特殊，如图8-2所示。既包含有醛基又含有羧基。因此甲酸既具有酸的性质，又具有醛的性质。所以它既具有酸的通性，又具较强的还原性，能还原银氨溶液发生银镜反应等。

图 8-2 甲酸的构造示意图

甲酸是无色液体，有刺激性臭味。沸点 100.5℃。具有强腐蚀性，易溶于水。甲酸具有杀菌能力，可用作消毒剂、防腐剂等。在工业上用作还原剂、橡胶凝聚剂等，也用于纺织品和纸张的着色、抛光。

2. 乙二酸

乙二酸（HOOC—COOH）俗称草酸，是最常见的二元羧酸，具有多种用途。草酸可作为分析试剂，如滴定分析中作为基准物配制标准溶液。在稀土元素盐的中性或稀酸溶液中加入草酸，生成草酸盐沉淀用于稀土元素的分离和提纯。在生产和生活中用作漂白剂、清洗剂和除锈剂。把沾有铁锈或蓝黑墨水污迹的衣服在 2% 草酸溶液中浸几分钟，再用清水漂洗痕迹即可除去。

3. 苯甲酸

苯甲酸（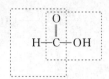）俗称安息香酸。存在于多种树脂（如安息香胶）中，是最简单的芳香羧酸。苯甲酸及其钠盐广泛用作食品防腐剂，苯甲酸在人体内不积蓄，因而无害。苯甲酸与其他营养成分配合可制成鲜花保鲜液。苯甲酸与水杨酸配合可用于治疗脚癣等皮肤癣病。苯甲酸还是制备染料、香料和药物的原料。

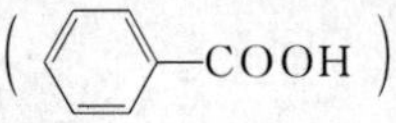

二、乙酸乙酯

乙酸乙酯的构造式为 $CH_3-\overset{O}{\underset{\|}{C}}-O-CH_2CH_3$，简写为 $CH_3COOCH_2CH_3$。

乙酸乙酯是具有香味的无色透明油状液体，沸点 77℃，密度比水要小，难溶于水，能溶解许多有机物，是良好的有机溶剂。

乙酸乙酯是最常见的酯类化合物，可用作香料。白酒越陈越香是因为酒中的乙醇在细菌和空气的作用下生成了少量醋酸（乙酸），而乙醇和乙酸又作用生成乙酸乙酯的缘故。

醇和酸反应脱水生成的化合物叫做酯。酯的通式为 $RCOOR'$，其中 R 和 R' 可以相同，也可以不同。酯类化合物根据生成酯的酸和醇的名称来命名。例如，$HCOOCH_2CH_3$ 叫甲酸乙酯；CH_3COOCH_3 叫乙酸甲酯。

酯类广泛地存在于自然界里。许多花草和水果都含有低级酯。例如，梨里含有乙酸异戊酯；苹果和香蕉里含有异戊酸异戊酯等。酯可用作溶剂，并用作制备饮料和糖果的水果香料。

在有酸或碱存在的条件下，酯类与水作用能发生水解反应，生成相应的醇和酸。酯在酸性条件下的水解反应是可逆的（酯化反应的逆反应）；在碱存在时，因为生成羧酸盐使反应可进行到底。酯类的碱性水解反应叫做皂化反应。

$$RCOOR' + H_2O \rightleftharpoons RCOOH + R'OH$$
$$\xrightarrow{NaOH} RCOONa + H_2O$$
皂化反应

第四节 氯乙烷 卤代烃

烃分子中的一个或几个氢原子被卤原子取代而生成的产物叫做卤代烃。如氯乙烷（C_2H_5Cl）、二溴乙烷（$C_2H_4Br_2$）、氯乙烯（$CH_2{=\!=}CHCl$）、溴苯（C_6H_5Br）等都是卤代烃。本节以氯乙烷为例介绍其性质。

一、氯乙烷

氯乙烷的化学式为 C_2H_5Cl，构造式为
$H-\underset{\underset{H}{|}}{\overset{\overset{H}{|}}{C}}-\underset{\underset{H}{|}}{\overset{\overset{H}{|}}{C}}-Cl$
，构造简式为 CH_3CH_2Cl。

氯乙烷不溶于水，溶于有机溶剂，氯乙烷液态时密度为 $0.8978g/cm^3$，比水轻，沸点为 12.3℃。氯乙烷的化学性质如下。

1. 取代反应

由于氯乙烷分子中的 C—Cl 键容易发生断裂（氯原子是较活泼的）。因此，氯乙烷分子中的氯原子容易被多种原子或基团所取代，从而发生取代反应。例如：

$$CH_3CH_2-Cl + HOH \xrightarrow[\triangle]{NaOH} CH_3CH_2OH + HCl$$

在氢氧化钠水溶液中，氯乙烷发生水解反应，分子中的氯原子被水分子中的羟基（—OH）取代，生成乙醇。

2. 消去反应

氯乙烷与氢氧化钠的醇溶液共热，脱去卤化氢而生成烯烃。

$$CH_2-CH_2 + NaOH \xrightarrow[\triangle]{醇} CH_2{=\!=}CH_2\uparrow + NaCl + H_2O$$
$$\;\:|\quad\;\;\:|$$
$$\;\:H\quad Cl$$

氯乙烷在有机合成中常作为乙基化试剂。可使纤维素制成乙基纤维素，用以制造涂料、塑料或橡胶代用品等。医药上用作外科手术的局部麻醉剂。农业上用作杀虫剂。

二、氯乙烯

氯乙烯（$CH_2{=\!=}CHCl$）是无色气体，沸点 -13.4℃，难溶于水，易溶于乙醇、乙醚和丙酮。

早期生产氯乙烯的方法是用乙炔和氯化氢在一定条件和催化剂的作用下发生加成反应。

$$CH{\equiv}CH + HCl \xrightarrow[180℃]{HgCl_2\text{-}C} CH_2{=\!=}CHCl$$

该方法具有工艺简单、产率高等优点，但因以电石为原料制取，消耗大量的电能和焦炭，成本太高，且催化剂有毒，已逐渐被乙烯合成法代替。

氯乙烯的化学性质不活泼。分子中的氯原子不易发生取代反应，因为分子中存在双键，较易发生加成反应和聚合反应。氯乙烯在过氧化物引发剂存在下，能聚合生成白色粉状的固体高聚物——聚氯乙烯，简称PVC。

$$n\text{CH}_2\!=\!\text{CHCl} \xrightarrow{\text{过氧化物}} \underset{\text{聚氯乙烯}}{\text{—(CH}_2\text{—CH)}_n\!\!\underset{|}{}\!\!\text{Cl}}$$

三、氟里昂

氟里昂是含有一个或两个碳原子的氟氯烷烃的商品名称。常用代号 F-abc 表示。a、b、c 为阿拉伯数字，分别表示碳原子数减1、氢原子数加1及氟原子数，氯原子数根据通式推知。

其中，二氟二氯甲烷是无色无臭气体，易压缩成液体，解压后立即汽化，同时吸收大量的热，因此广泛用作制冷剂。这种制冷剂的优点很多，如沸点低（-29.8℃）、易液化、无毒、无味、不腐蚀金属、热稳定性好、不易燃烧等。这些优越性能使它在制冷剂中出类拔萃，独占鳌头，主要用于电冰箱和空调中。但二氟二氯甲烷逸散到大气中，长期积累，难以分解，对于人类生活至关重要的臭氧层具有破坏作用。现在国际上已禁止在新上市的制冷设备中使用氟里昂。

本章小结

一、乙醇　苯酚　乙醚

（1）醇：是链烃基和羟基结合而成的化合物，通式为R—OH。羟基是醇的官能团。

乙醇：乙醇是醇类最重要、最常见的化合物。乙醇氧化得到乙醛，在不同的条件下脱水得到乙醚或乙烯。

（2）酚是羟基与芳环直接相连的芳烃衍生物。

苯酚：又名石炭酸，有弱酸性，但不能使酸碱指示剂变色。

苯酚易发生芳环上的取代反应，如与溴水作用生成三溴苯酚白色沉淀，可用于苯酚的定性和定量分析。苯酚遇三氯化铁溶液显紫色，可用于检验苯酚的存在。

（3）醚的通式为 R—O—R′。

乙醚：常见的醚类化合物，是常用的有机溶剂。

二、乙醛　丙酮

（1）醛：是烃基与醛基相连而构成的化合物，通式为RCHO。醛基是醛的官能团。

乙醛：乙醛是醛类化合物的代表。乙醛经催化加氢还原得到乙醇。乙醛能与银氨溶液发生银镜反应，也能与斐林试剂作用。这是两种检验醛基的方法。

（2）酮：是羰基直接与两个烃基相连的化合物。

丙酮：是最简单、最常见的酮类化合物。不能发生银镜反应。性质较稳定，常用作有机溶剂。

三、乙酸　乙酸乙酯

（1）羧酸：是烃基与羧基相连而构成的化合物，通式为 RCOOH。羧基是羧酸的官能团。

乙酸：俗称醋酸，是羧酸中最常见、最重要的化合物。乙酸是弱酸，具有酸的通性并能与乙醇在浓硫酸催化下发生酯化反应生成酯。

（2）酯类化合物根据生成酯的酸和醇的名称称为某酸某酯。

乙酸乙酯：乙酸乙酯是常见的酯类化合物，有特殊香味，常用作香料。

酯在酸或碱催化下可以发生水解反应生成酸和醇。碱性条件下的水解叫皂化反应。

四、氯乙烷　卤代烃

卤代烃：是烃基与卤原子相连构成的化合物，卤原子是卤代烃的官能团。

氯乙烷：氯乙烷与氢氧化钠的水溶液作用发生取代反应生成乙醇；在氢氧化钠的醇溶液作用下，氯乙烷发生消除反应，脱去卤化氢生成乙烯。

氯乙烯：其分子中含有不饱和键，可以发生聚合反应生成聚氯乙烯。

阅读材料一

为何不用纯酒精消毒

酒精能够渗入细菌体内，使组成细菌的蛋白质凝固。所以酒精在医疗卫生上常用作消毒杀菌剂。为什么用 70%～75% 的酒精而不用纯酒精消毒呢？

这是因为酒精浓度越高，使蛋白质凝固的作用越强，当高浓度的酒精与细菌接触时，就能使得菌体表面迅速凝固，形成一层薄膜，阻止了酒精继续向菌体内部渗透，细菌内部的细胞没能彻底杀死。待到适当时机，薄膜内的细胞可能将薄膜冲破而重新复活。

因此，使用纯酒精达不到消毒杀菌的目的。如果使用 70%～75% 的酒精，既能使组成细菌的蛋白质凝固，又不能形成薄膜，能使酒精继续向内部渗透，而使其彻底消毒杀菌。经实验，若酒精的浓度低于 70%，也不能彻底杀死细菌。

阅读材料二

干洗技术与化学

干洗是一种不用水的洗涤方法。让有机溶液渗入衣物，就可以从纺织纤维的表面除去油污。用这种方法洗涤高级服装，可使服装不变形、不褪色。

干洗技术发明于 19 世纪中期的法国。一天，巴黎一家裁缝店的乔利·贝朗不小心碰翻了煤油灯。灯油洒在一条裙子上。乔利担心妻子回来抱怨，急忙地拿起察看。只见煤油浸过的地方不仅没有污痕，反倒比别处显得更干净。乔利由此受到启发，他反复进行了试验。1855 年，乔利·贝朗在巴黎开办了世界上第一家服装干洗店。

干洗诞生后的最初 50 年间，使用的是苯、煤油、汽油、樟脑萜等溶剂。这些溶剂都具有可燃性，经常造成火灾。由于这一致命缺陷，使干洗技术难以推广。1897 年，德国莱比锡的吕德维格·安特林使干洗技术向前跨进了一步。他发明了使用四氯化碳作干洗剂。四氯化碳的洗涤效果好，不易燃。但有一个令人讨厌的缺点，就是带有刺鼻的异味。而且对设备具有腐蚀性。到 1918 年，欧洲开始改用三氯乙烯来取代四氯化碳。从此，干洗业渐渐发展起来。

现代洗衣业已实现机械化。常用的干洗液是 1928 年发明的斯陶达溶剂和一种从石油中提炼而成的溶剂——全氯乙烯，它们既无害于人体健康，又没有起火危险。因为干洗液的价格比较昂贵，因此在清洗完毕，往往还要将从衣物中排挤出的溶剂进行蒸馏后，再加以过滤。这样就可反复使用了。

习　　题

1. 选择题

(1) 下列各组化合物，具有相同分子组成的是_____。

　A. 乙醚和乙醇　　　B. 甲酸和乙酸

　C. 甲苯和苯酚　　　D. 甲酸甲酯和乙酸

(2) 下列有机物中，不属于烃的衍生物的是_____。

　A. 氯乙烯　　B. 乙酸　　C. 乙苯　　D. 苯酚

(3) 下列物质不与金属钠反应的是_____。

　A. 乙醇　　B. 苯酚　　C. 甘油　　D. 乙醚

(4) 下列有机物的分子结构中，不含羰基的是_____。

　A. 乙酸乙酯　　B. 苯酚　　C. 甲醛　　D. 丙酮

(5) 皂化反应属于_____。

　A. 加成反应　　　B. 酯化反应

　C. 氧化反应　　　D. 水解反应

(6) 下列物质不能够发生银镜反应的是_____。

　A. 丙酮　　B. 甲醛　　C. 甲酸　　D. 乙醛

(7) 下列物质能使蓝色石蕊试纸变红的是_____。

　A. 乙醚　　B. 乙醛　　C. 乙酸　　D. 苯酚

(8) 工业酒精不能食用，因为工业酒精中含有少量会使人中毒的_____。

　A. 乙酸　　B. 乙醇　　C. 甲醇　　D. 甘醇

2. 写出下列俗名所代表的有机物的构造简式。

酒精_____；石炭酸_____；蚁酸_____；福尔马林_____；甘油_____；醋酸_____。

3. 有四种基团①—CH＝CH—、②—CH$_2$OH、③—CHO、④—COOH。将能发生以下转化的基团顺序填在相应的横线上。

能发生聚合反应的是_____；能被氧化成醛基的是_____；

能被氧化成羧基的是_____；能与醇反应生成酯的是_____。

4. 用化学方程式来表示下列各反应，注明反应所需要的条件。

$$C_2H_6 \longrightarrow C_2H_5Br \longrightarrow C_2H_5OH \longrightarrow C_2H_4 \longrightarrow C_2H_5Br$$
$$\downarrow$$
$$C_2H_5OC_2H_5$$

5. 回答下列问题。

（1）用乙醇和浓硫酸起反应制备乙烯时，为什么温度要控制在170℃左右？

（2）乙醇或乙酸都能跟钠反应，为什么乙酸乙酯不能跟钠起反应？

（3）两个试管里都盛有苯酚的浊液，一个试管放入热水浴，另一个试管里加入NaOH溶液，两者都变成澄清溶液。这两者的原理有什么不同？

（4）实验室盛放过苯酚的试管和做过银镜反应的试管应如何洗涤？为什么？

（5）为什么酒密封后存放在地窖里年限越长酒越香？

6. 用化学方法区别下列各组物质。

（1）乙醇、乙醚和乙酸。

（2）甲醛和丙酮。

（3）乙醇溶液和苯酚溶液。

7. 怎样知道苯中混有少量苯酚？用什么方法可以从苯和苯酚的混合物中分离苯和苯酚？

8. 分子中含有碳、氢、氧三种元素的烃类衍生物，已学过的有醇、醚、醛、酮等类，假定它们分子中都含有3个碳原子，写出各类物质的构造式并说出名称。

9. 某饱和一元脂肪羧酸1.85g，正好与1g氢氧化钠完全中和，求这一羧酸的构造式，并写出它的名称。

10. 某中性化合物A，含有碳、氢、氧三种元素。它能与金属反应放出氢气。A与浓硫酸170℃共热生成气体B；B可使溴水褪色。A与浓硫酸140℃共热生成液态化合物C，C具有麻醉作用。根据上述性质，写出A、B、C的构造式及有关化学方程式。

第九章
化学与材料

学习目标

了解金属的特性及金属材料的用途，了解合金及超导材料的性能及应用。了解非金属的性质及半导体、特种陶瓷、人工晶体、特种玻璃等非金属材料的性能。了解高分子化合物的基本概念及高聚物的结构和特性，了解塑料、合成橡胶、合成纤维三大有机合成材料的性能和用途。

材料科学是现代科技的重要领域。实践证明，几乎每一项重大的新技术的产生和发展都与新材料的研制与发明有关。因此，材料、信息和能源已被并列为现代科技的三大支柱。材料应用广泛，品种繁多，主要可分为金属材料、无机非金属材料、新型有机高分子材料及复合材料等。

第一节 金属材料

金属材料在经济建设和日常生活中应用十分广泛，在机械制造业中，大量零部件都需用各种特性的金属材料。弹簧要求具有一定的弹性；刃具要求具有坚硬、耐磨的性能；飞机零件则要求轻而强度大；石油、化工机械要求耐腐蚀等。金属材料包括纯金属和合金制成的各种材料。

一、金属的结构和特性

工业上，人们根据金属的光泽把铁、铬、锰和它们的合金称为黑色金属，其他金属称为有色金属。通常把有色金属中密度大于 $4.5g/cm^3$ 的称为重金属，小于 $4.5g/cm^3$ 的称为轻金属。此外还可将金属分为常见金属和稀有金属。

（一）金属的结构

前面已经介绍了金属键，知道在金属晶体中，存在着金属原子、金属离子和自由电子。自由电子的运动将金属中的原子、离子联结在一起。金属中的自由电子，不专属于某个特定的金属原子,而是为许多阳离子所共有,它们几乎均匀地分布在整个晶体中。由于金属特殊的晶体结构,使得金属具有许多共性。

(二)金属的特性

1. 物理性质

金属在常温下除汞外都是固体,一般体积质量较大,硬度也较大。金属都不透明,有特殊的光泽,易传热、导电,一般都有良好的机械加工性能(延展性),这些都与金属中存在自由电子有关。

2. 化学性质

金属在化学反应中,一般容易失去外层电子而表现出还原性。例如,大多数金属容易与氧、硫、卤素等非金属化合;活泼金属能置换水中和某些酸中的氢。

(三)金属的冶炼

金属冶炼就是由矿石制取金属的过程。其实质是金属离子获得电子从化合物中被还原出来。

金属的化学活泼性不同,它的离子获得电子被还原成金属原子的难易程度也不同。因此,相应的有各种不同的冶炼方法。主要有热分解法、高温化学还原法、电解还原法等。

1. 热分解法

金属活动顺序在铜以后的不活泼金属,可用加热分解的方法将其冶炼出来。例如汞的冶炼:

$$2HgO \xrightarrow{\triangle} 2Hg+O_2\uparrow$$

2. 高温化学还原法

活动顺序在铝与汞之间的金属冶炼是将矿石与加入的还原剂(如碳、一氧化碳、氢气、活泼金属)共热,使金属还原。例如锌的冶炼。

如果用碳酸盐矿石作原料,它经煅烧后能分解成氧化物,再用碳还原。

$$ZnCO_3 \xrightarrow{煅烧} ZnO+CO_2$$

$$ZnO+C \xrightarrow{高温} Zn+CO$$

3. 电解还原法

活泼金属(铝、镁、钙、钠等)的冶炼常用电解法。如电解熔融的氯化钠制钠;电解熔融氯化镁制镁。

二、合金

工业生产上直接用纯金属的情况很少,因为纯金属的性能难以适应科学技术发展对材料性能提出的特殊要求,如耐高温、耐高压、高硬度、耐腐蚀、易熔等。因此,通常使用的金属材料大多是合金。

合金也可称为"合成金属",它是由两种或两种以上的金属(或金属与非金属)共熔后而成的具有金属特性的物质。如常用的黄铜是铜锌合金,铸铁和钢是铁碳合金。

多数合金的熔点低于组成它的任何一种组分金属的熔点。如锡的熔点为232℃,铋为271℃,镉为321℃,铅为327℃,而这些金属按1:4:1:2的质量比组成的伍德合金(用作保险丝)的熔点却只有67℃,比其中任何一种组分的熔点都低。

合金的硬度一般都比组成它的纯金属的硬度要大,如生铁和钢的硬度就比纯铁大。

合金的化学性质也与组成它的纯金属有些不同,如不锈钢与金属铁比较,就不易腐蚀得多;镁和铝性质都活泼,而组成合金后就比较稳定。

合金的结构复杂,通常合金内部同时由几种不同结构的物质所组成。通过使用不同的原料,改变这些原料用量的比例,控制合金形成的条件,可以制得具有不同特性的合金,以满足工业提出的不同要求。如表9-1所示。

表 9-1 工业上几种重要的合金

种类	成分(质量分数)	性 质	用途
黄铜	Cu60%,Zn40%	硬度比铜大	制造仪器、仪表零件
青铜	Cu80%,Sn15%,Zn5%	硬度比铜大,耐磨性好	制造轴承、齿轮
白铜	Cu50%~70%,Ni13%~15%,Zn13%~25%	硬度比铜大	制造器皿
硬铝	Al93%~94%,Cu2.6%~5.2%,Mg0.5%,Mn0.2%~1.2%	坚硬,轻	用于航空制造业
焊锡	Sn25%~90%,Pb7.5%~10%	熔化时易附于金属表面	焊接金属
镍铬合金	Ni60%,Cr20%,Fe25%	电阻大,高温下不易被氧化	制造电阻丝
伍德合金	Bi50%,Pb25%,Sn12.5%,Cd12.5%	熔点低	制造保险丝
印刷合金	Pb83%~88%,Sb10%~13%,Sn 2%~4%	凝固时略有膨胀,易熔,坚硬	铸造铅字

合金在工业上有重要的用途,如机器制造、飞机制造、宇宙飞船制造等以及化学工业和原子能工业,都离不开性能优良的合金。随着近代科学的发展,人们在不断探索、研究和开发具有新特性的合金,如具有记忆力的合金、铁系合金,还有被称为"梦幻般的金属材料"的非晶态合金等。

三、超导材料

随着温度的降低,金属的导电性逐渐增强。当温度降到某一温度时,某些导体的电阻急剧下降为零,这种现象称为超导现象。具有超导电性的物质称为超导材料(即超导体)。电阻突然为零的温度称为转变温度或临界温度。临界温度越高,超导材料就越有应用价值。

超导现象是荷兰科学家昂内斯于1911年最早发现的。他利用液氦冷却水银时,发现电阻完全消失。后来他和许多科学家又发现了Pb、Sn等28种超导元素和8000多种超导化合物。在超导研究方面我国处于先进行列,中国科学院赵忠贤等人将Ba-Y-Cu材料氧化物粉末混合,充分研磨均匀后,置于管式炉内烧结,得到临界温度突破−173℃的材料。

超导材料的应用前景令人向往。用超导材料做成电缆输电,输电线路上的能量损耗将大为降低。用超导材料作发动机的线圈，根本不会使线圈发热，解决了冷却难题。若把超导磁体装在列车内，在地面轨道上铺设铝环，制成磁力悬浮高速列车，就能使车速提高到 500km/h 以上。

随着高温超导体研究的深入发展，超导技术在发电、核物理、交通运输、医学等领域已得到应用，显示出明显的优越性。超导体在高新技术领域的应用，将具有更深远的意义。

第二节　非金属材料

无机非金属材料包括各种金属与非金属形成的无机化合物材料和非金属单质材料。有传统的硅酸盐材料如玻璃、水泥、陶瓷以及新型的无机材料如新型陶瓷、半导体材料等。

无机非金属材料大多具有耐高温、抗氧化、耐磨、耐腐蚀和硬度大的特点。但抗机械冲击性能差，抗热震动性能差。这主要是由无机非金属材料的化学组成和结构决定的。

一、非金属单质的特性

非金属单质在常温常压下呈气态的有氢、氟、氯、氧、氮五种，呈液态的只有溴，其余都是固态。硼、碳、硅的熔点高、硬度大，位于金属与非金属分界线附近的其他单质元素的熔点低、硬度较小。石墨能导电，分界线两侧元素的单质大都具有半导体性质。多数非金属单质是非导体。

除氢、硼外，非金属元素的价电子数不少于 4 个，容易获得电子而达到最外层 8 个电子的稳定结构，呈负化合价，若失去（或偏移）部分（或全部）价电子则呈正价。它们的非金属活泼性与元素周期律一致，氟、氯、氧、溴是活泼的非金属；碘、硫、碳、硼、硅、砷、硒、碲和氢较不活泼，氮气不活泼，在通常条件下很难发生化学反应。

二、非金属材料

（一）半导体材料

半导体材料种类很多，按化学成分可将其分为元素半导体和化合物半导体。硅来源丰富，使用可靠性高，是当前最主要的半导体材料，而砷化镓是一种很有发展前景的半导体材料。

硅有 4 个价电子，在硅的晶体结构中，每个原子分别和相邻的 4 个原子形成 4 个共价键，价电子被束缚在共价键中不能自由运动。因此在一般情况下，导电能力较差。如果受到光或热的作用，部分价电子挣脱束缚成为自由电子，从而留下一个空穴，空穴相当于正电荷，可吸引邻近的价电子来补充，这样就产生了电子和空穴的定向移动，形成电流。因此半导体导电性急剧增加。这是半导体材料的光敏性和热敏性。在半导体材料中掺入少量杂质，它的导电能力也就显著增加，这称为半导体材料的掺杂性。

半导体材料主要用于制造电子仪器、计算机以及各种传感器上的元器件。还用于制造晶体管、集成电路、硅光电池、光电继电器、热电耦、晶体滤波器、激光器、数码管等，也可利用非晶态硅，即半导体玻璃制成太阳能电池瓦。

（二）特种陶瓷

陶瓷是中华民族对人类的重大贡献。传统陶瓷的成分大多是硅酸盐。现代陶瓷在原料、内部结构、工艺技术、性能和应用的领域都有很大的发展。随着科学技术的发展，近代又出现了特种陶瓷，成果引人瞩目，功能各异的新品种不断问世。

1. 导电陶瓷

通常陶瓷不导电，是良好的绝缘体。例如在氧化物陶瓷中，原子的外层电子通常受到原子核的吸引力，被束缚在各自原子的周围，不能自由运动。然而，有些氧化物陶瓷加热时，处于原子外层的电子可以获得足够的能量，克服原子核的吸引力，成为自由电子，这种陶瓷就变成了导电陶瓷。

现在已经研制出多种在高温环境下应用的高温电子导电陶瓷材料。此外，还有离子导电陶瓷和半导体陶瓷，各具不同的功能。

2. 透明陶瓷

传统的陶瓷是一种不透明的材料。1957年美国科学家科尔在一次实验中偶然发现，在氧化铝原料中加入少量氧化镁，可以促进材料内气孔的消除，由此终于制得透明的氧化铝陶瓷。透明陶瓷不仅有优异的光学性能，而且耐高温、绝缘性好。氧化铝陶瓷是高压钠灯极为理想的灯管材料。其发光效率是普通电灯的11~12倍，而且高压钠灯发出的灯光不刺眼，并能透过浓雾而不被散射，很适合用作车灯。高压钠灯平均寿命长达1.2万小时，是目前寿命最长的灯。

目前，透明陶瓷发展很快，它们的队伍正在不断扩大。如在氧化物陶瓷方面还有氧化镁、氧化钇、氧化铍等。透明陶瓷可制造防弹汽车的窗、坦克的观察窗、轰炸机的轰炸瞄准器和高级防护眼镜等。

3. 压电陶瓷

压电陶瓷结构上没有对称中心，因而具有压电效应，即当在某个方向施加压力时，此表面会产生电压差，称为正压电效应；反之在电压作用下，则会发生变形，称为逆压电效应。这就是压电陶瓷所具有的机械能与电能之间的转换和逆转换功能，常用的压电陶瓷有钛酸钡（$BaTiO_3$）、钛酸铅（$PbTiO_3$）和锆钛酸铅（简记为PDZ）等。压电陶瓷材料具有成本低、换能率高，加工成型方便等特点，在现代科学技术中有着广泛的应用。主要用于换能、传感、驱动和频率控制。如水下探测用的水声换能器，遥测用的超声换能器，扬声器及压电点火器、压电引信等。

4. 生物陶瓷

生物陶瓷是指应用于生物医学及生物化学工程的各种陶瓷材料。此类陶瓷以氧化铝为主。生物陶瓷和骨组织的化学组成比较接近，生物相容性好，植入体内后不会引起人体组织的发炎和不适应，弥补了不锈钢在植入人体内三五年出现腐蚀斑的缺陷。目前，以磷酸盐为基体的人工骨，植入生物体内后逐渐被酶降解而转变为与自然骨一样的组织，即为可降解的生物材料。显然，这种生物陶瓷是现有任何别的材料难以替代的。

5. 纳米陶瓷

为了使高性能现代陶瓷向更高层次发展,我国在 20 世纪 90 年代初开始研制纳米陶瓷。即选用的原料和制成的陶瓷晶粒达到纳米尺度。纳米陶瓷在性能上已远远不同于原有的材料。例如,氧化锆纳米陶瓷不同于微米级的氧化锆陶瓷,其强度和韧性大幅度增加,其硬度和塑性也有所改善,可以像金属一样弯曲变形。纳米陶瓷的问世是陶瓷发展过程中的重大飞跃。我国已研究成功的纳米陶瓷粉体材料有氧化铁、碳化硅、氧化钛等。纳米陶瓷材料的研究虽然是近几年才开始兴起,但我国科技工作者已取得一定的成果。制备纳米陶瓷,首先要研制纳米尺寸水平的粉体,纳米级粉体用机械粉碎的方法是不能得到的,必须要用其他的方法来制备。目前已有用物理方法,蒸发再凝聚;化学方法,气相或液相反应等来制备纳米级粉体。纳米陶瓷的坚硬、耐磨、永不生锈的性能比金属材料优越得多。

纳米陶瓷是今后若干年的发展趋向,并有望在 21 世纪获得更大的突破,从而开拓陶瓷材料更为广泛的用途。

(三) 人工晶体和特种玻璃

人工晶体是一种单晶材料,由于它具有压电、热电、磁光转换和红外遥感等多方面的功能,因此是发展激光、电子、红外和光信息处理等高新技术所必需的材料。如人造金刚石,可以是块状形态,也可制成薄膜形态,利用其超硬性能,除可制作磨具外,还可制作手术刀。这种手术刀由于刀刃极薄,因而比一般手术刀锋利得多。利用其高导热和高电阻率特性,可应用于超高速集成电路、超大规模集成电路和用作耐腐蚀材料。人造水晶即氧化硅晶体可作压电材料应用于石英表,还可应用于传感器等。目前这类晶体应用较多的有:超硬金刚石晶体、激光晶体和红外晶体等。

特种玻璃则是一类非晶态材料,它具有高强度、耐高温、耐腐蚀、可切削等特点,并具有光、电、磁、热等功能,是光学、光电技术、生物工程、宇航事业、汽车及新能源等领域中的基础材料。如含氧硝酸盐玻璃化学性能稳定,是电的不良导体,因此可用于核燃料、废料的固化处理,还可用作绝缘体。

第三节 高分子聚合物与合成材料

20 世纪,人类社会文明的标志之一就是合成高分子材料的出现、应用和发展。合成高分子材料为提高人类生活质量、创造社会财富,促进国民经济发展和科技进步做出了巨大的贡献。

高分子聚合物简称高分子或高聚物,是由小分子聚合而成,其分子量从几千到几万、几十万,甚至上百万。巨大的分子量使聚合物具有不同于低分子的独特的物理、化学和力学性能。

一、高聚物的基本概念

高聚物虽然分子量较大,但化学组成比较简单,都是由简单的结构单元以重复的方式构成的。例如,聚氯乙烯分子是由许多氯乙烯结构单元重复连接而成。

$$-\overset{H}{\underset{H}{C}}-\overset{H}{\underset{Cl}{C}}-\overset{H}{\underset{H}{C}}-\overset{H}{\underset{Cl}{C}}-\overset{H}{\underset{H}{C}}-\overset{H}{\underset{Cl}{C}}-\overset{H}{\underset{H}{C}}-\overset{H}{\underset{Cl}{C}}-$$

为方便起见，常将上式缩写成如下：

$$\left[\begin{matrix}H & H\\ -C-C-\\ H & Cl\end{matrix}\right]_n \text{ 或 } \left[-CH_2-CHCl-\right]_n$$

其中 $-[CH_2-CHCl]-$ 是重复结构单元，叫做链节。形成结构单元的化合物（如氯乙烯）叫做单体。n 是重复结构单元数，叫聚合度。

$$n CH_2=CHCl \longrightarrow \underbrace{[-CH_2-CHCl-]}_{\text{链节}}{}_{\overbrace{n}^{\text{聚合度}}}$$
$\ \ \ \ \ \ \ \ $单体

高分子化合物实际上是由许多链节结构相同、而聚合度不同的化合物组成的混合物，因此高分子化合物的分子量只是平均分子量。

根据高分子化合物分子的形状不同，它们又可以分为"线型"和"体型"（网状）两种结构。线型结构是许多链节连成一个长链（包括有支链的），卷曲成不规则的线团状。体型结构是带有支链的线型高分子之间互相交联成立体网状结构。体型结构中，有的交联多，有的交联少，如图9-1所示。

(a) 不带支链的线型结构　　(b) 带支链的线型结构　　(c) 交联的体型(网状)结构

图 9-1　高分子结构示意图

合成高分子化合物的命名，一种是在单体前加"聚"字。如聚乙烯、聚氯乙烯；另一种是在简化的单体名称后面加上"树脂"二字，如酚醛树脂、环氧树脂、脲醛树脂等。此外，聚合物还经常使用商品名称及简写代号。常见高聚物之商品名称及简写代码列入表9-2中。

表 9-2　常见高聚物的商品名称、简写代码

聚合物	商品名称	简写代码	聚合物	商品名称	简写代码
聚乙烯	乙纶[①]	PE	聚乙烯醇缩甲醛	维尼纶[①]	PVAC
聚氯乙烯	氯纶[①]	PVC	聚甲基丙烯酸甲酯	有机玻璃	PMMA
聚丙烯	丙纶[①]	PP	聚对苯二甲酸乙二酯	涤纶(的确良)[①]	PET
聚四氟乙烯	特氟隆	PTFE	聚苯乙烯	聚苯乙烯树脂	PS
聚丙烯腈	腈纶[①]	PAN	酚醛树脂	电木	PF
聚己内酰胺	尼龙(或锦纶)-6[①]	PA6	脲醛树脂	电玉	UF
聚己二酰己二胺	尼龙(或锦纶)-66[①]	PA66	聚丙烯腈-丁二烯-苯乙烯	ABS树脂	ABS

① 均指相应的聚合物为原料纺制成的纤维名称。

二、高聚物的特性

由单体经聚合反应生成的高聚物在结构上发生了很大的变化,决定了其具有一系列与低分子化合物不同的优越性能,因此应用十分广泛。高聚物具有良好的机械强度、化学稳定性、电绝缘性、弹性及可塑性。

1. 弹性和可塑性

线型结构的高聚物在通常情况下分子链呈卷曲状态,当受到外力作用时可以被拉直,当外力取消后又能恢复原状。因此线型结构聚合物具有弹性。例如橡胶在室温下具有拉伸、回弹的良好弹性。塑料制品碰撞后不会像玻璃一般脆裂,都来源于高聚物的弹性。

线型高聚物受热至一定温度会变软,把软化的高聚物放在模具里就可以借助压力的作用进行定型,再经冷却至室温变成不易变形的坚韧物质,聚合物的这种性质称为可塑性。日常生活中所见到的大部分塑料就具有可塑性。可塑性使聚合物易于加工成型,也能够回收再用。

2. 电绝缘性

高分子化合物中的原子是以共价键结合起来的,分子既不能电离,也不能在结构中传递电子,所以高分子化合物具有良好的电绝缘性能。电线的包皮、电插座等都可用塑料制成。此外,高分子化合物对多种射线如 α、β、γ 和 X 射线有抵抗能力,可以抗辐射。

3. 化学稳定性

高分子化合物的分子链缠绕在一起,活泼性基团少,活泼的官能团又包在里面,不易与化学试剂反应,化学性质通常很稳定。高分子化合物具有耐酸、耐碱、耐腐蚀等特性,著名的"塑料王"聚四氟乙烯,即使把它放在王水中也不会变质,是优异的耐酸、耐腐蚀材料。

4. 力学性能

高聚物作为材料使用时,不可避免地受到各种应力的作用,聚合物材料具有良好的力学性能。广泛用作替代金属材料的机械零部件。聚合物品种繁多,表现出多样的力学性能。聚苯乙烯性质硬脆;聚乙烯、聚酰胺具有高韧性、低硬度;聚碳酸酯、ABS 等工程塑料是韧性高、硬度高的聚合物材料。

高分子材料也有缺点,它们一般不耐高温,容易燃烧。不易分解,如废弃的快餐盒和塑料袋对环境构成特殊污染,称"白色污染"。高分子材料容易老化,所谓老化就是高分子材料受到光、热、空气、潮湿、腐蚀性气体等综合因素的影响,逐步失去原有的优良性能,以致最后不能使用。所以减少或延迟老化,提高高分子的耐热性能等,都成为高分子材料的重要研究课题。

三、合成材料

按照应用,通常把高分子材料分为塑料、合成纤维和合成橡胶,称为三大有机合成材料。

（一）塑料

塑料是指在一定的温度和压力下可塑制成型的合成高分子材料。工业上以合成树脂为基本原料，加上适量的添加剂和填充料以改善某些性能，在一定的温度、压力下加工处理可获得各种塑料制品。

塑料的品种很多，根据它们受热时所表现的性能的不同，可分为热塑性塑料和热固性塑料。热塑性塑料一般是线型高分子；热固性塑料为体型高分子。按塑料的用途又可分为通用塑料、工程塑料和特种塑料。

几种主要塑料以及它们的性质和用途如表 9-3 所示。

表 9-3　几种常见塑料的性质和用途

名称	性能	用途
聚乙烯	耐寒、耐化学腐蚀、电绝缘性好，无毒 耐热性差，容易老化不宜接触汽油、煤油；制成的器皿不宜长时间存放食油、饮料	制成薄膜，可作食品、药物的包装材料；可制日常用品、管道、绝缘材料、辐射保护衣等
聚氯乙烯	耐有机溶剂，耐化学腐蚀，电绝缘性能好，耐磨、抗水性好 热稳定性差，遇冷变硬，透气性差；制成的薄膜不宜用来包装食品	硬聚氯乙烯：作管道、绝缘材料等。软聚氯乙烯：制薄膜、电线外皮、软管、日常用品等。聚氯乙烯泡沫塑料：建筑材料、日常用品等
聚苯乙烯	电绝缘性好，透明度高，室温下硬、脆，温度较高时变软，染色后色泽鲜艳 耐溶剂性差	制高频材料，电视雷达部件，汽车、飞机零件，医疗卫生用品以及离子交换树脂等
聚四氟乙烯	耐低温（-100℃）高温（350℃），耐化学腐蚀，耐熔性好，电绝缘性好	制电气、航空、化学、冷冻、医药工业耐腐蚀、耐高温、耐低温的制品
聚甲基丙烯酸甲酯（有机玻璃）	透光性好，质轻，耐水，容易加工，不易碎裂 耐磨性较差，能溶于有机溶剂，易受强酸、强碱侵蚀	制飞机、汽车用玻璃，光学仪器，日常用品
环氧树脂	高度黏合力，加工工艺性好，耐化学腐蚀，电绝缘性好，机械强度高，耐热性好	广泛用作胶黏剂，作层压材料、机械零件，与玻璃纤维复合制成的增强塑料用于宇航等领域

（二）合成纤维

纤维是一类具有相当长度、强度、弹性和吸湿性的柔韧、纤细的丝状高分子化合物。

按来源不同，纤维可分天然纤维和化学纤维两大类。天然纤维是天然高分子化合物，如棉、麻、羊毛、蚕丝等。化学纤维是用化学方法合成的纤维，又可分为人造纤维和合成纤维。人造纤维是利用不能直接纺织的天然纤维（木材、棉短线）作原料经化学处理制成。合成纤维是利用石油、煤、天然气等为原料，经过化学合成和机械物理加工制成的一种人造纤维。

合成纤维品种很多，许多性能远远超过了天然纤维。它的原料丰富，又不与农业争地，不仅解决了"棉粮争地"的矛盾，收到"丰衣足食"的效果，而且为现代工业技术提供了各种具有特殊性能的纤维材料。其中最重要的是聚酰胺纤维（如锦纶）、聚酯纤维（如涤纶）和聚丙烯腈纤维（腈纶），被称为三大合成纤维。总产量占全部合成纤维产量的 90% 左右。表 9-4 列出几种主要合成纤维的性质和用途。

表 9-4　几种主要合成纤维的性质和用途

名　称	性　能	用　途
聚己内酰胺（锦纶）	比棉花轻，强度高，弹性、耐磨性、耐碱性和染色性都好 耐光性差，不能长期暴晒，保形性、吸水性差	制绳索、渔网、轮胎帘子线、降落伞以及衣料织品、袜子等
聚丙烯腈（腈纶）	比羊毛轻而结实，保暖性、耐光性、弹性都好 不容易染色，不耐碱	制衣料织品、毛毯、工业用布、滤布、幕布等
聚对苯二甲酸乙二酯（涤纶）	易洗、易干、保形性好，抗折皱性强。耐碱、耐磨、耐氧化 不耐浓碱，染色性较差	制衣料织品、电绝缘材料、渔网绳索、运输带、人造血管、轮胎帘子线
聚氯乙烯（氯纶）	保暖性、耐腐蚀性、电绝缘性好 耐热性、耐光性、染色性差	制针织品、工作服、绒线、毛毯棉絮、渔网、滤布、帆布和电绝缘材料等
聚丙烯（丙纶）	机械强度高，耐磨性、耐化学腐蚀性、电绝缘性好 耐光性和染色性差	制降落伞、绳索、滤布、网具、工作服、帆布、地毯等
聚乙烯醇缩甲醛（维尼纶）	柔软，吸湿性和棉花类相似，耐光性、耐磨性和保暖性都好 耐热水性和染色性较差	制衣料、窗帘、滤布、炮衣、桌布、粮食袋等

（三）合成橡胶

橡胶是一类具有高弹性能的高分子化合物。橡胶是生产和生活上必需的重要物资，也是国防、交通运输、机械、电机等工业不可缺少的材料。因为它具有高度的弹性、电绝缘性、不易传热、不渗水及不透气等优良性能，所以它的应用很广泛，在国民经济中占有重要的地位。

橡胶分天然橡胶和合成橡胶。天然橡胶是由橡胶树或橡胶草中的胶乳经过凝固处理压制成生胶，再加入防老剂、硫化剂和各种填料，并经碾压、硫化加工后制成的橡胶制品。合成橡胶是以石油、天然气或煤等为原料生产出的单体二烯烃和烯烃在一定条件下聚合而成的。合成橡胶的出现，弥补了天然橡胶数量上的不足，而且有的合成橡胶在某些性能方面超过了天然橡胶，具有一些特殊用途。常见的合成橡胶有丁苯橡胶、顺丁橡胶、氯丁橡胶、硅橡胶等。表 9-5 列出几种主要合成橡胶的性质和用途。

表 9-5　常见合成橡胶的性质和用途

名称	性　能	用　途
丁苯橡胶	热稳定性、电绝缘性和抗老化性好	制轮胎、电绝缘材料、一般橡胶制品等
异戊橡胶	和天然橡胶相似，黏结性良好	制汽车轮胎、各种橡胶制品
氯丁橡胶	耐油性好，耐磨、耐酸、耐碱、耐老化，不燃烧 弹性和耐寒性较差	制电线包皮、运输带、化工设备的防腐蚀衬里、防毒面具、胶黏剂等
丁腈橡胶	耐油性和抗老化性好，耐高温 弹性和耐寒性较差	制耐油、耐热的橡胶制品，飞机油箱衬里等
硅橡胶	耐低温（-100℃）和高温（300℃），抗老化和抗臭氧性好，电绝缘性好 力学性能差，耐化学腐蚀性差	制绝缘材料、医疗器械、人造关节以及各种在高温、低温下使用的衬里等

本章小结

一、金属材料

金属的结构和特性：具有不透明性，金属光泽，良好的导电、导热和延展性。

金属冶炼的方法：热分解法、高温化学还原法、电解还原法。合金：是由两种或两种以上金属（或金属与非金属）熔合而成的具有金属特性的物质。

合金的性质：与原组分相比，硬度大，熔点低。

超导材料：当温度降到某一温度时，某些导体的电阻急剧下降为零，这种现象称为超导现象；具有超导电性的物质称为超导材料。

二、非金属材料

非金属单质的特性：常温下有气态、液态、固态，多数熔点沸点很低；元素原子容易获得电子而达到稳定结构。

半导体材料：低温时电阻很大，显示绝缘体的性质，而在光照或加热时，导电性急剧增加；当前最主要的半导体材料是硅。

特种陶瓷：常见的有导电陶瓷、透明陶瓷、压电陶瓷、生物陶瓷、纳米陶瓷等。

人工晶体和特种玻璃：人工晶体是单晶材料；特种玻璃是非晶态材料。

三、高聚物与合成材料

高聚物的概念：由链节相同而聚合度不同的化合物组成的混合物。

高聚物的结构：按结构特点可分线型高聚物和体型高聚物两种。

高聚物的性能：弹性和可塑性好，电绝缘性、化学稳定性好，机械强度高。

塑料：在一定的温度和压力下可塑制成型的合成高分子材料。

合成纤维：以低分子单体为原料，经过聚合反应得到的线型高聚物。

合成橡胶：具有高弹性能的高分子化合物。

阅读材料一

从天然橡胶到合成橡胶

自然界中虽然含有橡胶的植物很多，但能大量采胶的主要是生长在热带雨区的巴西橡胶树。从树中流出的胶乳，经过凝胶等工艺制成的生橡胶，最初只用于制造一些防水织物、手套、水壶等，但它受温度的影响很大，热时变黏，冷时变硬、变脆，因而用途很少。

1839 年美国一家小型橡胶厂的厂主固特意（Goodyear）经过反复摸索，发现生橡胶与硫黄混合加热后能成为一种弹性好、不发黏的弹性体，这一发现推进了橡胶工业的迅速发展。在这之前，橡胶的年产量只有 388t，但到 1937 年已增加到 100 万吨，即 100 年间增加了 2000 倍，这在天然物质利用史上是十分罕见的，尤其是 1920 年以后，由于汽车工业兴起，进一步扩大了需求，以致世界各国开始把天然橡胶作为军用战略物资加以控制。这就迫使美、德等汽车大国但却是天然橡胶的穷国，开展合成橡胶的研究，这种研究是以制造与天然橡胶相同物质为目的开始的，因为人们已知它是由多个异戊二烯分子通过顺式加成形成的聚合体。

1914年爆发第一次世界大战，德国由于受到海上封锁，开展了强制性的合成橡胶研制和生产，终于实现了以电石为原料合成甲基橡胶的工作，到终战的1918年，共生产出2350t。

战后，由于暂时性天然橡胶过剩，使合成橡胶的生产也告中止，但其研究工作仍在进行。先后研制成聚硫橡胶（1931年投产）、氯丁橡胶（1932年）、丁苯橡胶（1934年）、丁腈橡胶（1937年）等。

第二次世界大战期间，尤其是日本偷袭珍珠港、占领东南亚后，美国开始扩大合成橡胶生产，并纳入国防计划，1942年产量达84.5万吨，其中丁苯橡胶为70.5万吨。1950年以后，由于出现了齐格勒-纳塔催化剂，在这种催化剂的作用下，生产出三种新型的定向聚合橡胶，其中的顺丁橡胶，由于它的优异性能，到20世纪80年代产量已上升到仅次于丁苯橡胶的第二位。此后又有热塑性橡胶、粉末橡胶和液体橡胶等问世，进一步满足了尖端科技发展的需要。

回顾过去，展望未来，在新世纪里新技术将更加迅猛发展，与此同时，作为技术革命物质基础的，以合成高分子为代表的新材料的研制和开发，也将越来越起着重要作用。

阅读材料二

激光材料

激光是20世纪60年代出现的一种新光源。它具有能量高度集中、亮度最高、方向性最好的特点。因此在通信、测距等许多领域都有广泛的应用。例如，激光雷达的分辨率和测量精度比无线雷达高得多；在打孔、焊接和切割等工业加工方面，激光加工与机械加工相比，有速度快、质量好、装置简单、操作方便等优点，能加工某些用机械方法不能加工的材料（如金刚石）。

激光还可以用于精密记录、全息照相等方面。在医学上可用激光束作为外科手术刀，这种光刀能烧灼伤口，从而阻止血液流失。在热核聚变上，利用激光可以产生高温、高密度等离子体。在科学研究上，激光也有广泛的应用，它不仅使光学获得了迅速发展，而且已深入到力学、化学、天文学、电子学等领域中去，引起许多重大的变革。

目前使用的激光材料主要有固体、气体、半导体等几种类型。

1. 固体激光材料

固体激光材料是晶体或玻璃，分别称为晶体激光材料或玻璃激光材料，常用的有红宝石、钕玻璃和掺钕钇铝石榴石三种。

红宝石的基本成分是氧化铝，其中掺有0.05%的氧化铬。在红宝石中的发光粒子是三价铬离子，因此常把三价铬离子称为激活离子，氧化铝则称为基质。像红宝石一样，所有的激光材料都可以分为激活离子和基质两部分。激活离子可分三类：第一类属过渡金属离子，例如铬、锰、钴、镍、钒离子等；第二类是稀土金属离子，例如钕、镝、铽、铒、镱、钴、镥离子等，第三类是放射性元素离子，例如铀离子。基质有许多种晶体和玻璃。每一种激活离子都有其对应的一种或几种基质材料。例如，铬离子掺入氧化铝晶体中有很好的发光性能，掺入其他晶体或玻璃中发光性能就很差，甚至不发光。钕离子能在许多晶体或玻璃中发光，是一种很好的激活离子。钕玻璃和掺钕的钇铝石榴石就是以钕离子为激活离子，硅酸盐玻璃或钇铝石榴石晶体为基质的工作物质。

2. 气体激光材料

这是目前应用最广的一类激光材料。以它为工作物质的激光器有许多特色，多数能连续工作，输出的激光也很丰富，目前已达几千种。气体激光材料中除一种工作物质外，一般还加入一些辅助气体（如各种惰性气体以及氧、氮、水蒸气、空气等）和工作气体混合，可提高器件的输出功率和延长器件的使用寿命。

气体激光材料按照性质不同可分为原子气体激光材料、分子气体激光材料和离子气体激光材料三类。

原子气体是指惰性气体原子如氦、氖、氩、氪等和一些金属蒸气如铜、铅、锰等。以惰性气体为工作介质的激光器输出的波长大部分在可见光范围内。

分子气体一般是双原子分子和三原子分子气体，如 CO、N_2、O_2、水蒸气、CO_2 等，其中最突出的是 CO_2。以双原子分子为工作介质的激光器输出的激光波长在紫外和可见光范围；以三原子分子为工作介质的激光器输出的波长在中红外和远红外范围。

离子气体是惰性气体（如氩、氪）的离子和金属（如镉、汞）蒸气的离子。以离子气体为工作介质的激光器输出的波长大多数是在紫外和可见光范围，很有应用价值。

3. 半导体激光材料

现已使用的半导体激光材料有砷化镓、硫化镉等。其中砷化镓是目前应用较广的一种。

习　题

1. 什么叫做自由电子和金属键？金属键中的自由电子决定金属的哪些物理性质？
2. 金属导电和溶液导电有何不同？各发生了什么反应？
3. 什么叫合金？举出日常生活中常见的几种合金。
4. 什么是超导现象？什么是超导材料？
5. 半导体的主要用途是什么？
6. 举出常见的几种特种陶瓷并说明其主要特点及用途。
7. 什么叫做高分子化合物？举出日常生活中熟悉的三大合成材料各一例来叙述它们的主要性能和用途。
8. 某化工厂制得的聚乙烯的平均聚合度为2000，计算它的平均分子量。
9. 以一种高分子为例解释下列名词：单体、链节、聚合度。
10. 纤维可分为几类？人造纤维与合成纤维有什么不同？

第十章
化学与能源

学习目标

了解能源的分类。了解煤炭资源的综合利用。了解石油、天然气的用途及石油炼制的常用方法。了解核能与化学电池的有关知识。了解太阳能、生物质能、绿色电池、氢能等新能源的开发利用。

能源是指能够转换成热能、光能、电磁能、机械能、化学能等各种能量形式的自然资源。

表 10-1 能源的分类

按利用技术状况	按使用性能	按形成条件	一次能源	二次能源
常规能源	燃料能源		煤炭 石油 天然气 油砂 油页岩 生物质能（植物秸秆）	焦炭 煤气 汽油 煤油 柴油 重油 液化石油气 甲醇 酒精 苯胺
	非燃料能源		水能	电力 蒸汽 热水
新能源	燃料能源		核燃料	沼气 氢能
	非燃料能源		太阳能 地热能 海洋能 潮汐能 风能	激光 化学电源

能源问题举世瞩目，现代社会的生产和生活都离不开能源。能源既是工农业生产的物质基础，也是人类赖以生存的物质条件之一。能源消费水平的高低，是衡量一个国家在一定时期内经济技术发展水平的重要标志。作为能源支柱的煤、石油和天然气，不仅

仅是能源，而且是重要的化工原料。随着社会的发展，能源供需之间将会出现越来越尖锐的矛盾。因此，如何节约能源、研究和发展利用新能源，就引起了人们极大的关注。

能源的分类比较复杂，通常根据其形成条件、生产周期、使用性能和利用技术状况进行分类。如表10-1所示。

第一节 煤 石油 天然气

煤、石油、天然气以及水利资源、电力等都属于常规能源，对国民经济影响极大。2014年底，国务院颁布的《能源发展战略行动计划2014—2020》指出，我国优化能源结构的路径是：降低煤炭消费比重，提高天然气消费比重，大力发展风电、太阳能、地热能等可再生能源，安全发展核电。到2020年，非化石能源占一次能源消费比重达到15%；天然气比重达到10%以上；煤炭消费比重控制在62%以内；石油比重为剩下的13%。

一、煤炭及其综合利用

(一) 煤的种类及煤炭资源

1. 煤的种类

煤是古代植物经过极其复杂的物理化学变化而形成的。按炭化程度的不同，可将煤分为泥煤、褐煤、烟煤和无烟煤四大类。

泥煤为棕褐色，炭化程度最低，在结构上还保留有植物遗体的痕迹，由于它质地疏松，吸水性很强，一般含水分40%以上，含碳量低于70%。工业价值不大，可用作锅炉燃料和气化原料。

褐煤一般为褐色或黑褐色，含碳量在70%～78%之间，挥发分较高，在大气中易风化破碎，易氧化自燃。一般不宜于远地运输和长久储存。

烟煤为黑色，与褐煤相比，挥发分较少，吸水性较小，含碳量在78%～85%之间。由于它有一定的黏结性能，适宜于炼焦。焦炭是冶金工业、动力工业和化学工业的重要原料和燃料。

无烟煤为灰黑色，有金属光泽，致密、坚硬，挥发分少，吸水性也小，灰分和硫分都比较低，炭化程度高，含碳总量一般在85%以上，发热值也最大。

2. 煤炭资源

2000年底，世界煤炭总产量为46.61亿吨，消费量46.59亿吨，贸易量5.9亿吨。世界探明可采储量为9842.11亿吨。其中，主要集中在美国（2466.43亿吨）、俄罗斯（1570.10亿吨）、中国（1145亿吨）、澳大利亚（904亿吨）、印度（747.33亿吨）、德国（670亿吨）、南非（553.33亿吨）、乌克兰（343.56亿吨）、哈萨克斯坦（340亿吨）、波兰（143.09亿吨）、巴西（119.50亿吨）等国。

煤炭是非再生能源，按现在的开采速度估计，煤只能用几百年。煤炭直接燃烧只利用了煤炭应有价值的一半，对环境污染也比较严重。所以合理利用煤炭资源具有非常重要的意义。

（二）煤的主要成分

煤是由有机物和无机物组成的一种混合物，以有机物为主。构成煤的主要元素除碳以外，还有氢、氧、氮、磷、硫等。其可燃成分是碳和氢，燃烧后则构成煤的灰分。

碳，是煤的主要可燃元素。煤的炭化程度越高，它的含碳量越多。各种煤的含碳量如表 10-2 所示。

表 10-2　煤中总含碳量

种　类	含碳量/%	种　类	含碳量/%
泥煤	约 70	烟煤	78～85
褐煤	70～78	无烟煤	85 以上

氢，也是煤的主要可燃元素。其发热值为碳的三倍。煤中的氢并非都可以燃烧，和 C、S、P 结合的 H 可以燃烧，这种氢叫做"有效氢"；和 O 结合生成 H_2O 的氢叫做"化合氢"，不能燃烧。在进行煤的发热值计算时只考虑有效氢。

氧、硫和磷，是煤中的有害杂质。O 和 C、H 结合成 CO_2 和 H_2O，消耗煤中的可燃成分，硫在燃烧时生成 SO_2、SO_3 污染环境。作为炼钢用煤，硫含量应控制在 0.6% 以下，以免影响钢铁质量。磷过多，进入钢铁，则会使钢铁发脆（即冷脆）。

水分，随煤的炭化程度不同而异。一般泥煤含水分最多，褐煤次之，无烟煤最少（一般低于 5%）。水分在煤燃烧时会带走热量，相当于带走煤的可燃质（可燃成分）。

挥发分，是将煤隔绝空气加热，分解出来的物质叫做挥发分。包括 CO、CO_2、H_2、CH_4、C_2H_4、H_2O 等。煤中挥发分越多，开始分解出挥发分的温度就越低，煤的着火温度也越低，燃烧就越快。

灰分，煤的灰分是指不能燃烧的矿物杂质。灰分中主要成分是 SiO_2，此外还有 Fe_2O_3、Al_2O_3、CaO、MgO 等。煤的灰分越多，其可燃成分越低，对煤的燃烧和气化均不利。灰分达到 40% 的煤称为劣质煤。

煤炭中含有大量的环状芳烃，缩合交联在一起，并且夹着含 S 和含 N 的杂环，通过各种桥键相连。所以煤是环芳烃的重要来源。

（三）煤的综合利用

煤炭一直是我国的主要能源，煤的年消耗量在 10 亿吨以上，其中的大部分是直接燃烧掉的。在燃烧过程中，煤中的 C、S 及 N 分别变成 CO_2、SO_2 及 NO、NO_2 等。这样的热效率利用并不高，只有 30% 左右。而且直接烧煤对环境污染造成恶劣影响。如 CO_2 的产生使全球气温变暖；SO_2 和 NO、NO_2 等则造成酸雨。此外，还有煤灰和煤渣等固体垃圾的处理和利用问题等。为了解决这些问题，且充分利用煤资源，人们一直致力于如何使煤转化为清洁的能源，如何提取煤中所含的宝贵的化工原料的研究。目前已有实用价值的办法是煤的焦化、煤的气化和煤的液化。

1. 煤的焦化

将煤隔绝空气加强热，使它分解的过程叫做煤的焦化，也叫煤的干馏，工业上叫做炼焦。煤经过干馏能得到固体的焦炭、液态的煤焦油和气态的焦炉气。

焦炭是黑色坚硬多孔性固体，主要成分是碳。它主要用于冶金工业，其中又以炼钢为主，也可应用于化工生产，如以焦炭与水蒸气和空气作用制成半水煤气（主要成分为 H_2 和 CO），再制成合成氨。还可用于制造电石，用于电极材料等。

煤焦油是黑褐色、油状黏稠液体，成分十分复杂，目前以验明的约有 500 多种，其中有苯、酚、萘、蒽、菲等含芳香环的化合物和吡啶、喹啉、噻吩等含杂环的化合物，它们是医药、农药、合成材料等工业的重要原料。

焦炉气的主要成分是 H_2、CH_4、CO 等热值高的可燃性气体，燃烧方便，可用作冶金工业燃料和城市居民生活燃气。此外，焦炉气中还含有乙烯、苯、氮等。焦炉气可用来合成氨、甲醇、塑料、合成纤维等。

2. 煤的气化

煤在氧气不足的情况下进行部分氧化，使煤中的有机物转化为可燃气体称为煤的气化。此可燃气体经管道输送，主要用作生活燃料，也可用作某些化工产品的原料气。

将空气通过装有灼热焦炭的塔柱，会发生放热反应，主要反应为：

$$C(s) + O_2(g) \longrightarrow CO_2(g) \qquad Q = -393.51 \text{kJ/mol}$$

放出的大量热可使焦炭的温度上升到约 1500℃。切断空气，将水蒸气通过热焦炭，发生下列反应：

$$C(s) + H_2O(g) \longrightarrow CO(g) + H_2(g) \qquad Q = 131.3 \text{kJ/mol}$$

生成的产物 $CO + H_2$ 称为水煤气，含 40% CO、50% H_2，其他是 CO_2、N_2、CH_4 等。由于这一反应是吸热的，焦炭的温度将逐渐降低。为了提高炉温以保持赤热的焦炭层温度，每次通蒸汽后需向炉内送入一些空气。

水煤气中的 CO 和 H_2 燃烧时可放出大量的热。它的最大缺点是 CO 有毒。另外，这一制备方法不够方便，还有待改进。

3. 煤的液化

煤炭液化油也叫人造石油。煤的液化是指煤催化加氢液化，提高煤中的含氢量，使燃烧时放出的热量大大增加而且减少煤直接利用所造成的环境污染问题。目前煤的液化法有两种，即直接液化法和间接液化法。直接液化法是将煤裂解成较小的分子，再催化加氢而得到煤炭液化油的方法。从煤直接液化得到的合成石油，可精制成汽油、柴油等产品。间接液化法是将煤先气化得到 CO、H_2 等气体小分子，然后在一定温度、压力和催化剂作用下合成多种直链的烷烃、烯烃等，从而制得汽油、柴油和液化石油气的方法。

我国拥有丰富的煤资源，煤的品种很多，质地优良，是社会主义建设的重要工业资源。

二、石油

石油是工业的"血液"，是当今世界的主要能源，它在国民经济中占有非常重要的地位。首先，石油是优质动力燃料的原料。汽车、内燃机车、飞机、轮船等现代交通工具都是利用石油的产品汽油、柴油作动力燃料的。石油也是提炼优质润滑油的原料。一切转动的机械，其"关节"上添加的润滑油都是石油制品。石油还是重要的化工原料。石油也是现代化学必不可少的基本原料。利用石油产品可生产 5000 多种重要的有机合成原料，广泛用于合成纤维、合成橡胶、塑料以及农药、化肥、炸药、医药、染料、涂料、合成洗涤剂等产品的生产。

(一) 石油的性质和成分

石油是远古时代海洋或湖泊中的动植物的遗体在地下经过漫长的复杂变化而逐步分解形成的一种黏稠的液体。从油田开采出的石油叫原油，是一种黑褐色或深棕色的液体，常有绿色或蓝色荧光。它有特殊气味，比水轻，不溶于水。

石油主要含碳和氢两种元素。两种元素的总含量平均为97%～98%，也有达到99%的；同时还含有少量的硫、氧、氮等。石油的组成复杂，是多种烷烃、环烷烃和芳香烃的混合物。石油的化学成分随产地不同而不同。我国开采的石油主要含烷烃。

(二) 石油的炼制

1. 石油的分馏

石油是各种烃的混合物，其中分子量差别很小的组分很多，沸点接近，要完全分离较为困难。通常将原油用蒸馏的方法分离成为不同沸点范围的蒸馏产物。这个过程称为石油的分馏。根据压力不同石油分馏可分为常压分馏和减压分馏。经过分馏可以得到多种石油产品。石油分馏产品及其用途如表10-3所示。

表10-3 石油分馏产品及其用途

	分馏产品	分子里所含碳原子数	熔点范围/℃	用途
气体	石油气	$C_1 \sim C_4$	>35	化工原料
轻油	溶剂油	$C_5 \sim C_6$	30～180	在油脂、橡胶、油漆生产中作溶剂
	汽油	$C_6 \sim C_{10}$	<220	飞机、汽车及各种汽油机燃料
	煤油	$C_{10} \sim C_{16}$	180～280	液体燃料、工业洗涤剂
	柴油	$C_{17} \sim C_{18}$	280～350	重型汽车、军舰、轮船、坦克、拖拉机等各种柴油机燃料
重油	润滑油	$C_{18} \sim C_{30}$	350～500	机械、纺织等工业用的各种润滑剂
	凡士林			防锈剂、化妆品
	石蜡	$C_{20} \sim C_{30}$		制蜡纸、绝缘材料、肥皂
	沥青	$C_{30} \sim C_{40}$		铺路、建筑材料、防腐涂料
	石油焦	$>C_{40}$	>500	制电极、生产SiC等

2. 石油的裂化

随着国民经济的发展，对汽油、煤油、柴油等轻质油的需求量越来越高。而从石油中分馏得到的轻质油一般仅占石油总量的25%左右。为了从石油中获得更多质量较高的汽油等产品，可将石油进行裂化。

裂化是在高温和隔绝空气加强热的条件下使碳链较长的重质油发生分解而成为碳原子数较少的轻质油的过程。裂化分为热裂化和催化裂化两种。

3. 催化重整

为了有效地提高汽油燃烧时的抗爆震性能，同时还能得到化工生产中的重要原料——芳香烃，将汽油通过催化剂，在一定的温度和压力下进行结构的重新调整，其直链烃转化为带支链的异构体。这样的过程称催化重整。使用的催化剂是铂、铱、铼等贵重金属。它们的价格相当昂贵,故选用便宜的多孔性氧化铝或氧化硅作为载体,在其表面上浸渍0.1%的贵重金属,从而既节省了贵重金属又可以达到催化效果。

三、天然气

天然气是蕴藏在地层中的可燃性气体,它与石油可能同时生成,但一般埋藏较深。在煤田附近往往也有天然气存在。

天然气的主要成分是甲烷,其含量可达80%~90%,另外还含有少量的乙烷和丙烷。

天然气是最"清洁"的燃料,燃烧产物为无毒的二氧化碳和水,而且燃烧值和发热量高,约为煤的两倍,再加上管道输送也很便利,因此要大力推广使用天然气能源。

天然气除了用作燃料外,也是制造炭黑、合成氨、甲醇等化工产品的重要原料。我国四川、新疆是世界上著名的天然气产地。

第二节 核能与化学电源

一、核能

普通的化学反应的热效应来源于外层电子重排时键能的变化,反应过程没有涉及原子核。还有一类反应要涉及原子核的变化,这种能实现原子核转变的反应叫做核反应。核反应分为三类,即核衰变、核裂变、核聚变。核反应过程中由于原子核的变化,会伴随着巨大的能量变化,这就是核能,又称原子能。核能在能源中的地位日益重要,充分利用核能具有重要的现实意义。

世界上利用核能发电的第一座核电站于1954年在苏联建成,功率5000kW。目前大约有400多座核电站在运行中。我国目前有大亚湾核电站和秦山核电站等。

二、化学电源

电能是现代社会生活所必需的,电能是最重要的二次能源,大部分的煤和石油制品作为一次能源用于发电。煤或油在燃烧过程中释放能量,加热蒸汽,推动电机发电。煤(或油)燃烧过程就是它和氧气发生化学变化的过程,所以"燃煤发电"实质是化学能→机械能→电能的过程,这种过程通常要靠火力发电厂的汽轮机和发电机来完成。另外一种把化学能直接转化为电能的装置,统称为化学电池或化学电源。如收音机、手电筒、照相机上用的干电池,汽车发动机用的蓄电池,钟表上用的纽扣电池等都是小巧玲珑携带方便的日常用品。

化学电池都与氧化还原反应有关。任何两个电极反应都可以组成一个氧化还原反应,可以设计成一个电池(原电池原理已在第六章讲到)。日常生活中常见的有锌锰干电池、铅蓄电池、碱性蓄电池、银锌电池和燃料电池。此外,锂锰电池、锂碘电池、钠硫电池、太阳能电池等多种高效、安全、价廉的电池都在研究中。

第三节　新能源的开发与利用

现代社会是一个耗能的社会，没有相当数量的能源是谈不上现代化的。当前，全世界都在共同努力积极进行各种新能源的研究和开发。在目前一些尚不成熟的新能源也可能在不久的将来成为主要的能源。新能源一般就是指太阳能、生物质能、风能、地热能、海洋能、氢能等。它们的共同特点是资源丰富，可以再生，没有污染。

一、太阳能

太阳能是指由太阳发射出来并由地球表面接受的辐射能。太阳每年辐射到地球表面的能量为 50×10^{18} kJ，相当于目前全世界能量年消费的 1.3 万倍，是一个巨大的能量资源。而且太阳能是洁净、无污染的能源。所以开发和利用太阳能资源的前景十分广阔。

太阳能的利用方式是光-热转化和光-电转化；光-热转化是通过集热器（即太阳能热水器）进行的。集热器的板芯是由吸热涂层所覆盖的铜片制成的，封装在既要有高透光率，又要有良好绝热性的玻璃缸外壳中。进行光-热转化的是吸热涂层，而铜片只是导热体。目前，我国城市的一些住宅已安装了太阳能热水器提供生活热水。

光-电转化是通过太阳能电池进行的。多晶硅、单晶硅（掺入少量硼、砷）、碲化镉（CdTe）等是制造太阳能电池的半导体材料。它们能吸收太阳光中的光子使电子按一定方向流动而形成电流。太阳能电池的应用范围很广，如可用于卫星地面站、微波中继站、电话、农村和偏远地区的供电系统以及手表、太阳能计算器、太阳能充电器等。

二、生物质能

生物质能是指由太阳能转化并以化学能形式贮藏在生物质中的能量。生物质本质上是由绿色植物通过光合作用将水和二氧化碳转化成糖类而形成的。一般地说，绿色植物只吸收了照射到地球表面的辐射能的 0.5%～3.5%。即使如此，全部绿色植物每年所吸收的二氧化碳约 7×10^{11} t，合成有机物约 5×10^{11} t。因此生物质能是一种极为丰富的能量资源，也是太阳能的最好储存方式。

直接燃烧是生物质能最普通的转化技术。如柴草、秸秆等的燃烧能放出大量的热，这样可将化学能转变为热能。但这样的燃料直接燃烧时，热量利用率很低，并且对环境有较大的污染。目前把生物质能作为新能源来考虑，并不是再去烧固态的柴草等，而是将它们转化为可燃性、高燃烧值的液体或气态化合物，然后再利用燃烧来放热。生物质能利用的最佳途径之一是人工制取沼气。它是人畜粪便、动植物遗体等在厌氧的条件下，有机质进行分解代谢的产物，其主要成分是甲烷。我国农村已大力推广小型沼气池作为家用能源。另外农牧业废料、高产作物（如甘蔗、甘薯、高粱等）、纤维素原料（如木屑、锯末等）经过高温热分解或发酵等方法可以制造甲醚、乙醇等干净的液体燃料。大规模采用甲醇、乙醇来作为汽车燃料是近年来生物质能应用的一大进展。这可以减小对石油能源的依赖，还可减轻汽车尾气的污染。如巴西 90% 的小汽车就使用酒精燃料。

人类开发和利用生物质能的历史悠久。由于资源量大，可再生性强，随着科学技术的发展，人们不断发现和培育出高效能源植物和生物质能转化技术。生物质能的合理开发和综合利用必将提高人类的生活质量，必将为改善全球生态平衡和人类生存环境做出巨大贡献。

三、绿色电池

除燃料电池外，其他新型电池也在研究开发之中，如锂离子电池、钠硫电池以及银锌镍氢电池等。这些新型电池与铅蓄电池相比，具有质量轻、体积小、储存能量大以及无污染等优点，被称为绿色电池。

1. 锂离子电池

锂离子电池的负极由嵌入锂离子的石墨层组成，正极由 Li、Co、O_2 组成。锂离子进入电极的过程叫嵌入，从电极中出来的过程叫脱出。在充放电时锂离子在电池正负极中往返的嵌入-脱出，正像摇椅一样在正负极中摇来摇去，故有人形象地称锂离子电池为"摇椅电池"。锂离子电池具有显著的优点：体积小，比能量（质量比能量）和密度高；单电池的输出电压高达 4.2V；在 60℃ 左右的温度条件下仍能保持很好的电性能。锂离子电池主要用于便携式摄像机、液晶电视机、移动电话机和笔记本电脑等。

2. 钠硫电池

钠硫电池以多晶陶瓷作固体电解质，通过钠和硫的一系列化学反应产生电流。钠硫电池结构简单，工作温度低，电池的原材料来源丰富，充分放电转换效率高，无自放电现象。钠硫电池以其众多的优点在车辆驱动和电站储能方面已展现广阔的发展前景。

3. 银锌电池

银锌电池是一种新型的蓄电池，具有电容量大，可大电流放电，又耐机械振动的优良性能，用于宇宙航行、人造卫星、火箭、导弹和高空飞行。

随着新型绿色电池性能水平的不断提高，生产工艺日益完善，可以预见，高容量、少污染、长寿命的新型绿色电池将在未来蓄电池市场竞争中大放异彩。

四、氢能

在新能源的探索中，氢气被认为是理想的二次能源。氢气作为动力燃料有很多优点。加之其资源丰富，它可以由水分解制得，而地球上有取之不尽的水资源；燃烧值大，每千克氢燃烧能释放出 7.09×10^4 kJ 的热量，远大于煤、石油、天然气等能源，而且燃烧的温度可以在 200～220℃ 之间选择，可满足热机对燃料的使用要求；氢燃烧后唯一产物是水，无环境污染问题，堪称清洁能源。

目前氢气主要是从石油、煤炭和天然气中制取。以水电解制氢消耗电能太多，在经济上不合算。对化学家来说研究新的经济上合理的制氢方法是必要的。当前最有前途的是通过光解水制氢。即利用太阳能电池电解水制氢。另外以过渡元素的配合物作为催化剂，利用太阳能来分解水的方法也引人注目。

氢气的储存和输送技术，基本上与储存和输送天然气的技术大致相同，它也可以像天然气一样通过管道输送。

氢能源的应用很广泛,在航天方面,液态氢可用作火箭发动机燃料;在航空方面,氢可作为动力燃料。另外,它还可以用来制造燃料电池直接发电。

此外,风能、地热能、海洋能等也是令人关注、有待深入开发的新能源。

本章小结

能源是指能够转换成热能、光能、电磁能、机械能、化学能等各种能量形式的自然资源。

一、煤 石油 天然气

1. 煤

分类:泥煤、褐煤、烟煤和无烟煤。

组成:构成煤的主要元素是C,还有H、O、N、P、S等。

综合利用:煤的焦化、气化、液化。

2. 石油

组成:是由分子量不同的各种烷烃、环烷烃和芳烃等所组成的复杂混合物。

加工方法:分馏、裂化、重整、精制等。

3. 天然气

主要成分是甲烷,还含有少量乙烷和丙烷,是清洁燃料,燃烧值高。

二、核能与化学电源

1. 核能

核反应:实现原子核转变的反应。分核衰变、核裂变、核聚变三类。

核能:核反应过程中由于原子核的变化,伴随的巨大能量变化。又叫原子能。

2. 化学电源

化学电源是通过氧化还原反应将化学能转变为电能的装置。主要有锌锰干电池、铅蓄电池、银锌电池和燃料电池等。

三、新能源的开发与利用

新能源一般是指太阳能、生物质能、风能、地热能、海洋能、绿色电池和氢能等。它们的共同特点是资源丰富、可以再生、没有污染。

阅读材料

人类能源的新希望——可燃冰

"冰"怎么会"可燃"?即使是二氧化碳在超低温状态下形成的"干冰"也不可燃。但确有"可燃冰"存在,它是甲烷类天然气被包进水分子中,在海底低温与压力下形成的一种类似冰的透明结晶。据专家介绍,$1m^3$ "可燃冰"释放出的能量相当于 $164m^3$ 的天然气。目前国际科技界公认的全球"可燃冰"总能量,是所有煤、石油、天然气总和的 2~3 倍。美国和日本最早在各自海域发现了它。我国近年来也开始对其进行研究。

"可燃冰"的主要成分是甲烷与水。它的形成与海底石油、天然气的形成过程相仿，而且密切相关。埋于海底地层深处的大量有机质在缺氧环境中，厌气性细菌把有机质分解，最后形成石油和天然气（石油气）。其中许多天然气又被包进水分子中，在海底的低温与压力下又形成"可燃冰"。这是因为天然气有个特殊性质，它和水可以在温度 2～5℃ 内形成结晶，这个结晶就是"可燃冰"。

有天然气的地方不一定都有"可燃冰"，因为形成"可燃冰"除了压力，主要还在于低温，所以一般在冻土带的地方较多。长期以来，有人认为我国的海域纬度较低，不可能存在"可燃冰"，而实际上我国东海、南海都具备"可燃冰"生成的条件。

东海海底有个东海盆地，面积达 25 万平方公里。经过 20 年的勘测，已探明该盆地有 1484 亿立方米天然气储量。中国工程院院士、海洋专家金翔龙带领的课题组根据天然气水化物存在的必备条件，在东海找出了"可燃冰"存在的温度和压力范围，并根据地温梯度，结合东海的地质条件，勾画出"可燃冰"的分布区域，计算出它的稳定带的厚度，对资源量做了初步评估，得出"蕴藏量很可观"的结论。这为周边地区在新世纪使用高效新能源开辟了更广阔的前景。

据专家估计，全世界石油总储量在 2700 亿吨到 6500 亿吨之间。按照目前的消耗速度，再有 50～60 年，全世界的石油资源将消耗殆尽。而海底"可燃冰"分布的范围约 4000 万平方公里，占海洋总面积的 10%，海底可燃冰的储量够人类使用 1000 年。"可燃冰"的发现，让陷入能源危机的人类看到了新希望。

习 题

1. 煤的直接燃烧存在哪些问题？煤的综合利用主要有哪些途径？
2. 石油的主要成分是什么？石油炼制主要包括哪些过程？其主要作用是什么？
3. 石油通过分馏可得到哪些主要产品？各有哪些主要用途？
4. 煤的干馏与石油的分馏在本质上有什么不同？
5. 天然气的主要成分是什么？有哪些主要用途？
6. 在新能源的探索中，为什么氢气被认为是理想的二次能源？
7. 绿色电池与传统铅蓄电池相比有何优点？
8. 原煤、石油气（液化气）、天然气、柴草都是我国的家用能源。试比较它们的优缺点。
9. 通过本章的学习，你对人类未来能源开发前景有何感想？

第十一章
化学与食品营养

> **学习目标**

掌握油脂的组成、结构及性质，了解油脂的营养生理功能。掌握葡萄糖的结构及性质，了解蔗糖、麦芽糖、淀粉的结构及性质，了解糖类的营养生理功能。掌握蛋白质的组成及性质，了解蛋白质的营养生理功能。了解合理营养与平衡膳食的有关知识。

食物中能够被人体消化吸收和利用的各种营养成分，叫营养素。除氧外人体需要的营养素主要有糖类、蛋白质、油脂、无机盐、维生素和水等六类，通常称为六大营养素。它们都存在于食物中，是人体组织细胞生长、发育、修补和维持器官功能所必需的物质。

本章主要介绍油脂、糖和蛋白质的结构、性质以及对人体的影响。

第一节 油 脂

油脂属于酯类化合物，是高级脂肪酸甘油酯的通称。通常意义上的"油脂"是油和脂肪的简称，它们存在于动、植物体内。常温下，植物脂肪为液态，习惯上称为油，如花生油、豆油、菜籽油等。动物脂肪在常温下一般为固态，习惯上称为脂（肪），如猪油、牛脂、鲸脂等。油脂在人体内氧化时能够产生大量热能，是食物中能量最高的营养素。

油脂在工业上也具有十分广泛的用途，如制备肥皂、护肤品和润滑剂等。

一、油脂的组成和结构

油脂的主要成分一般是含偶数碳原子的直链高级脂肪酸和甘油生成的酯，结构可表示如下：

$$\begin{array}{l} \text{CH}_2\text{O}-\overset{\displaystyle\text{O}}{\underset{\displaystyle\|}{\text{C}}}-\text{R} \\ \text{CHO}-\overset{\displaystyle\text{O}}{\underset{\displaystyle\|}{\text{C}}}-\text{R}' \\ \text{CH}_2\text{O}-\overset{\displaystyle\text{O}}{\underset{\displaystyle\|}{\text{C}}}-\text{R}'' \end{array}$$

式中 R、R′、R″代表饱和烃基或不饱和烃基，它们可以相同，也可以不同。

二、油脂的性质

油脂难溶于水，易溶于有机溶剂。密度一般在 $0.9\sim0.95\text{g/cm}^3$ 之间，比水轻。纯净的油脂是无色、无臭、无味的。但一般油脂中，尤其是植物油脂中，由于溶有维生素和色素（如胡萝卜素）等物质，所以有颜色。

油脂具有酯的性质，也有一些特有的反应。

1. 水解

在酸或碱的存在下，油脂与水能够发生水解反应，生成甘油和相应的高级脂肪酸。油脂在碱性条件下的水解也叫皂化反应，生成的是高级脂肪酸盐。工业上利用皂化反应来制取肥皂。

$$\begin{array}{l} \text{CH}_2\text{O}-\text{C}-\text{R} \\ \text{CHO}-\text{C}-\text{R}' \\ \text{CH}_2\text{O}-\text{C}-\text{R}'' \end{array} + 3\text{NaOH} \xrightarrow{\triangle} \begin{array}{l} \text{CH}_2\text{OH} \\ \text{CHOH} \\ \text{CH}_2\text{OH} \end{array} + \begin{array}{l} \text{RCOONa} \\ \text{R}'\text{COONa} \\ \text{R}''\text{COONa} \end{array}$$

2. 加成

液态的油中的不饱和脂肪酸中含有碳碳双键，可以发生加成反应。不饱和油脂经催化加氢，可转化为饱和程度很高的油脂。加氢后油脂由液态转变成固态，这一过程叫油脂的氢化，也叫油脂的硬化。氢化后的油脂又叫氢化油或硬化油。食品工业利用油脂硬化的原理来生产人造奶油。

3. 干性

有些油脂暴露在空气中，其表面能形成一层坚硬、光亮并富有弹性的薄膜，这种结膜特性叫油的干性（也叫干化）。油的干化过程很复杂，主要是发生了一系列氧化聚合反应，生成网状高分子聚合物。一般来说，油脂分子中含有共轭双键的数目越多，结膜速度越快，干性越强。桐油就是最好的干性油。桐油是我国的特产油，占世界总产量的90%以上。

4. 酸败

天然油脂暴露在空气中会自发进行氧化反应，发生酸臭和口味变苦的现象，称为油脂的酸败。即油脂中不饱和链烃被空气中的氧所氧化，生成过氧化物，过氧化物继续分解产生低级的醛、酮和羧酸，产生令人不愉快的嗅感和味感。

油脂的酸败会使其中的维生素和脂肪酸遭到破坏，失去营养价值，食用酸败的油脂对人体健康极为有害。为防止酸败，油脂应放置于避光、干燥处，并可加入少量抗氧剂如维生素 E 等。

三、油脂的营养生理功能

1. 供给和储存热能

油脂是人类必需的高能量物质。1g 油脂在人体内氧化时，可放出 38.9kJ 热量，是同样质量的糖类或蛋白质的 2.25 倍。脂肪储存占有空间小，能量却比较大。是人储存能量的一种方式。当人体的能量消耗多于摄入时，就动用储存的脂肪来补充热能。

2. 构成身体组织

脂肪是构成人体细胞的主要成分，如类脂中的磷脂、糖脂和胆固醇是组成人体细胞膜的类脂层的基本原料。糖脂在脑和神经组织中含量最多。脂肪在人体内也占有一定的比重，男子一般占体重的 10%～20%，女子体内脂肪的比重高于男子。

3. 维持体温、保护脏器

皮下的脂肪对维持人的体温和御寒起着重要作用。分布在器官、关节和神经组织等周围的脂肪组织，既对重要脏器起固定支持和保护作用，又犹如软垫使内脏免受外力撞击、防止震动等。

4. 促进脂溶性维生素的吸收

脂肪是脂溶性维生素（维生素 A、维生素 D、维生素 K、维生素 E 等）的良好溶剂。这些维生素随着脂肪的吸收而同时被吸收，当膳食中脂肪缺乏或发生吸收障碍时，体内脂溶性维生素就会因此而缺乏。

5. 供给必需脂肪酸，调节生理功能

必需脂肪酸是肌体生命活动的必需脂肪酸，不能在体内合成，必须从食物中获得。如亚油酸主要存在于豆油、玉米油、芝麻油和花生油等中。必需脂肪酸的生理功能主要是构成细胞膜的成分，对维持细胞膜的完整和功能具有重要作用。

第二节 糖 类

糖类是自然界中存在最多的一类有机物，例如葡萄糖、蔗糖、淀粉和纤维素都属于糖类。由于最初发现糖类化合物是由碳、氢、氧三种元素组成，并且分子中氢和氧的比例是 2:1，故俗称碳水化合物。它以通式 $C_m(H_2O)_n$ 来表示。但以后发现的一些糖（如鼠李糖 $C_6H_{12}O_5$）中，并不符合这个通式。所以碳水化合物的名称是不恰当的，但因沿用已久，所以至今仍在使用。

从化学结构上看，糖类是一类多羟基醛或多羟基酮，或者水解后可以生成它们的化合物。根据能否水解及水解产物的不同，糖类可分为单糖、低聚糖和多糖。

一、单糖

单糖是最简单的多羟基醛或多羟基酮，它不能再进行水解。

(一) 单糖的结构

从化学结构上看，单糖都是多羟基醛或多羟基酮，含有醛基的叫醛糖，含有酮基的叫酮糖。其中有代表性的是葡萄糖和果糖，它们的化学式均为 $C_6H_{12}O_6$，其构造简式分别如下：

$$HO-CH_2-CH-CH-CH-CH-\overset{O}{\overset{\|}{C}}-H$$
$$\qquad\quad\ \ \overset{|}{OH}\ \overset{|}{OH}\ \overset{|}{OH}\ \overset{|}{OH}$$
葡萄糖

$$HO-CH_2-CH-CH-CH-\overset{O}{\overset{\|}{C}}-CH_2-OH$$
$$\qquad\quad\ \ \overset{|}{OH}\ \overset{|}{OH}\ \overset{|}{OH}$$
果糖

(二) 葡萄糖的性质及用途

葡萄糖是一种白色晶体，有甜味，易溶于水，不溶于乙醚和苯。广泛存在于蜂蜜、甜水果和植物的种子、茎、叶、根、花及果实中。尤其在成熟的葡萄中含量较高，因而得名。人和动物的血液中也含有葡萄糖，通常在医学称之为血糖。

1. 氧化反应

葡萄糖是一种多羟基醛。分子中的醛基易被氧化成羧基，因此具有还原性，能发生银镜反应，也能与斐林试剂反应。

葡萄糖在人体组织里发生氧化还原反应，放出热量（2802.86kJ/mol），供人体所需。

$$C_6H_{12}O_6 + 6O_2 \longrightarrow 6CO_2 + 6H_2O(l)$$

2. 酯化反应

葡萄糖分子中含有羟基，能和酸作用生成酯。如与乙酸反应生成五乙酸葡萄糖酯。

3. 发酵作用

葡萄糖分子里含有多个羟基和一个醛基，具有两种官能团。因此，它具有不同于醛和醇的性质，它在有机催化剂酒化酶的存在下发酵为醇。

$$C_6H_{12}O_6 \xrightarrow{\text{酒化酶}} 2C_2H_5OH + 2CO_2$$

4. 葡萄糖的用途

葡萄糖是人类所需能量的重要来源之一。它在人体组织中发生氧化反应并放出热量，以提供机体活动所需的能量并保持正常体温，是人体新陈代谢不可缺少的营养物质。在医药上用葡萄糖作营养剂，并有强心、利尿、解毒等作用。葡萄糖也是重要的医药原料，可用来制取葡萄糖酸钙和维生素C、维生素B_2。在食品工业上用于制糖浆、糖果等。制镜工业和热水瓶胆镀银，也常用葡萄糖作还原剂。

(三) 果糖

果糖与葡萄糖共存于蜂蜜和许多水果中。它是一种黄白色晶体，是普通糖类中最甜的糖。

果糖与葡萄糖互为同分异构体，是一种多羟基酮，从分子结构上看没有醛基，不具有还原性。但是在碱性溶液中，果糖能生成戊糖酸和甲酸，由于产生了甲酸，使果糖表现出还原性，因此能发生银镜反应。它与葡萄糖都被称为还原糖。

果糖可用作食物、营养剂和防腐剂。它在人体内可迅速转化为葡萄糖，具有供给热量、补充体液及营养全身的作用。过多食用果糖可导致体内胆固醇的增加。

二、低聚糖

低聚糖是指能水解成几个分子单糖的糖。在低聚糖中以二糖最为重要。常见的二糖是蔗糖和麦芽糖。

（一）蔗糖

蔗糖主要存在于甘蔗和甜菜中，故名蔗糖。各种植物的果实几乎都含有蔗糖。食用糖即为蔗糖。纯净的蔗糖是白色晶体，易溶于水，甜度仅次于果糖。

蔗糖的化学式是 $C_{12}H_{22}O_{11}$。蔗糖的分子结构中不含有醛基，不显还原性，是一种非还原性糖。

在无机酸或酶的催化作用下加热煮沸，蔗糖溶液发生水解，1mol 蔗糖生成 1mol 葡萄糖和 1mol 果糖。水解后的混合糖叫做转化糖，比原来的糖更甜。

$$C_{12}H_{22}O_{11} + H_2O \xrightarrow{H^+ \text{或酶}} C_6H_{12}O_6 + C_6H_{12}O_6$$
$$\text{蔗糖} \qquad\qquad\qquad \text{葡萄糖} \quad \text{果糖}$$

蔗糖是日常生活中不可缺少的食用糖，在医药上用作矫味剂，常制成糖浆服用。也可作防腐剂。

（二）麦芽糖

麦芽糖主要存在于麦芽中，故称为麦芽糖。饴糖就是麦芽糖的粗制品。麦芽糖是白色晶体，易溶于水，有甜味，但不如蔗糖甜，是我国最早的食用糖。

麦芽糖在硫酸或酶的催化作用下，发生水解反应。1mol 麦芽糖生成 2mol 葡萄糖。

蔗糖和麦芽糖互为同分异构体。麦芽糖的分子结构中含有醛基，因此具有还原性，也属于还原糖。

麦芽糖主要用于食品工业，也可作为微生物的培养基。

三、多糖

多糖是指水解后能生成许多单糖分子的糖。自然界中常见的多糖有淀粉和纤维素，它们的通式为 $(C_6H_{10}O_5)_n$。由于 n 值的不同，所以淀粉和纤维素不是同分异构体，它们都是天然高分子化合物。

多糖没有甜味，没有还原性，是非还原糖。大多数多糖难溶于水。

（一）纤维素

纤维素是自然界分布很广的一种多糖，存在于植物体内，是构成植物细胞壁的主要成分，是植物体的支撑物质。棉花是较纯粹的纤维素，其纤维素的质量分数约为92%～95%；亚麻、木材中约为50%；蔬菜中也含有较多的纤维素。

纤维素是白色、无臭、无味的物质，不溶于水及有机溶剂，性质较为稳定。在稀酸、稀碱中不能水解，在高温下能被浓硫酸水解，其最终产物是葡萄糖。在牛、马、羊等食草动物的胃肠里有纤维素水解酶，能将纤维素水解生成葡萄糖，所以，纤维素是食草动物的饲料。由于人的胃肠里没有纤维素水解酶，因此纤维素不能直接作为人的营养物质。但在食物中配以适量的纤维素（蔬菜）能促进消化液的分泌，刺激肠道蠕动，减少胆固醇的吸收，可以避免某些肠道疾病。

（二）淀粉

淀粉主要存在于植物的种子和块根里，谷类中含量较多，例如大米中约含淀粉80%，小麦约含70%，土豆约含20%。

淀粉为白色粉末，它不溶于冷水，在热水中淀粉颗粒会膨胀破裂，有一部分淀粉会溶解在水中，另一部分悬浮在水中，形成胶状淀粉糊。

淀粉与碘作用呈蓝紫色，反应非常灵敏，常用此法检验淀粉或碘。

淀粉是人类的主要食物，在人体内经过消化最终生成葡萄糖，通过葡萄糖提供人体所需的能量。工业上淀粉用于生产糊精、葡萄糖、酒精等。

纤维素和淀粉都是分子量很大的化合物，属于有机高分子化合物。

四、糖类的营养生理功能

1. 供给热能

在人们的饮食中，糖类占的比例最大。从营养学观点来考虑，碳水化合物在总热量中所占的比例以50%～70%为宜，对一个中等劳动量的成年人来说，每天每公斤体重需要可被消化的碳水化合物为5～7g。在饮食中碳水化合物所占的比例过大，必然导致食品中蛋白质和脂肪的比例偏低，而碳水化合物所占的比例太低，脂肪占的比例就会较高，这两种情况都会出现营养不良，对健康不利。

2. 构成机体组织

人体的许多组织中，都需要有糖参加，它是构成人体组织的一类重要物质。例如，血液中有血糖，在正常人血液中其含量有一定范围，即每100mL血液中，含葡萄糖85～100mg。超过100mg就是不正常的，比如糖尿病患者的血糖含量都超过100mg。血糖过低也是不正常的现象，血糖过低使脑神经得不到足够的养分，容易出现昏迷、休克。

3. 保肝解毒作用

当肝内糖原贮备较充足时，肝脏对某些化学毒物如CCl_4、C_2H_5OH、砷等有较强的解毒作用，对各种细菌感染所引起的毒血症也有较强的解毒作用。

此外糖类还可以控制脂肪和蛋白质的代谢。

第三节 蛋 白 质

蛋白质广泛存在于生物体内，是组成各种细胞的基础物质。它和脂肪、糖类是人类营养的三大要素，对于生物的生命过程起着决定性的作用。从食品科学的角度看，蛋白质除了保证食品的营养价值外，在决定食品的色、香、味及特征上也起重要作用。

一、蛋白质的组成

蛋白质是一种极其复杂的生物高分子化合物，分子量很大。它种类繁多，但所有的蛋白质都含有 C、H、O、N 四种元素，多数还含有 S，少数含有 P、Cu、Mn、Zn，个别的含有 I。

不论哪一种蛋白质，受酸、碱或酶的作用时，都水解而生成 α-氨基酸。因此 α-氨基酸是建筑蛋白质的砖石。α-氨基酸结构通式为

$$R\text{—}CH\text{—}COOH$$
$$|$$
$$NH_2$$

蛋白质是由许多 α-氨基酸脱水缩合而成的具有复杂空间结构的高分子化合物。由于 α-氨基酸的种类很多，组成蛋白质时它的种类、数量和排列顺序各不相同，所以蛋白质的分子结构复杂，种类繁多。

二、蛋白质的性质

1. 盐析作用

在蛋白质溶液中加入饱和无机盐（如硫酸钠、硫酸铵、氯化钠等）溶液后，均可使蛋白质溶解度降低而从溶液中析出，这种作用称为盐析。盐析作用是个可逆过程，析出的蛋白质沉淀物继续加水时仍能溶解，而不影响原来蛋白质的性质。所以可利用盐析作用进行分离、提纯蛋白质。

2. 变性作用

在热、酸、碱、重金属盐、紫外线等的作用下，蛋白质会发生性质上的改变，溶解度降低而凝结起来。这种凝结是不可逆的，不能再使它们恢复成为原来的蛋白质。这种变化称为变性作用。蛋白质变性后就失去它原有的可溶性，也失去它原有的生理活性。

蛋白质的变性有许多实际应用，如解救重金属盐（铜盐、铅盐、汞盐等）中毒的病人时，服用大量含蛋白质丰富的生鸡蛋、牛奶或豆浆使重金属盐与之结合而生成变性蛋白质，减少了人体蛋白质的受损，以达到解毒的目的。在临床上用酒精、蒸煮、高压和紫外线等方法进行消毒杀菌；在食品加工中腌制松花蛋等，也都是利用蛋白质的变性作用。

3. 颜色反应

蛋白质中含不同的氨基酸，可能和不同的试剂发生特殊的颜色变化。例如，某些蛋白质遇浓硝酸后，即变成黄色，再加氨处理则又变成橙色。又如，在蛋白质溶液中加入碱和稀硫酸铜溶液，则显紫红色。

此外，蛋白质灼热后即进行分解，发出具有烧羽毛的焦臭味。这一性质可用来识别棉织物和毛织物。

三、蛋白质的营养生理功能

1. 构成和修补机体组织

人体的神经、肌肉、内脏、血液等组织，甚至毛发、指甲无不含有蛋白质。身体的

生长发育、疾病和损伤后组织细胞的修复，都是依靠食物蛋白质源源不断地供给氨基酸进入人体重新组合来完成的。所以每天必须摄入一定量的蛋白质。

2. 调节生理功能

人体的各种生命活动都是通过成千上万种生化反应来完成的，在这些反应中一定各有其特定的酶来催化，同时还要有各种各样的激素来调节，而酶和激素（如胰岛素、肾上腺素等）主要是由蛋白质组成的。

3. 运输功能

人体内输送 O_2 和带走 CO_2 是通过血红蛋白的运输来完成的。血液中的脂质蛋白随着血流输送脂质。在人体内能量代谢的生物氧化过程中，某些细胞色素蛋白起着电子传递体的作用。

4. 增强机体的免疫能力

人体中的抗体就是免疫球蛋白（占人体血浆蛋白总量的20%）。抗体能够保护机体免受细菌和病毒的侵害。

蛋白质是各种生命现象不可缺少的物质。1965年，我国在世界上首次成功人工合成具有生理活性的蛋白质——牛胰岛素。1971年又完成对猪胰岛素结构的测定，为生命科学的发展做出了重大贡献。

第四节　合理营养与平衡膳食

一、合理营养的概念和意义

食物是营养素的"载体"，人体所需的营养素必须通过食物获得。一方面，每一类营养素都有其特殊的生理功能，都是不可缺少和不可替代的。人体对每一类营养素都有一个最佳的需要量，同时，各类营养素又是在互相配合、互相影响下对人体发挥生理功能的，所以人体所需的各类营养素之间又有一个最佳的配合量。另一方面，各类食物中所含的营养成分是多种多样、千差万别的。人体需求的全部营养素，只有通过食用不同类的食物获得，任何一种单一食物都不可能满足人体对各类营养素的全部需要。

合理营养就是使人体的营养生理需求与人体通过膳食摄入的各种营养物质之间保持平衡。从广义上说，合理营养是健康长寿和力量的保证。

二、平衡膳食的组成

平衡膳食是达到合理营养的手段，合理营养需要通过平衡膳食的各个具体措施来实现。平衡膳食就是为人体提供足够数量的热能和适当比例的各类营养素，以保持人体新陈代谢的供需平衡，并通过合理的原料选择和烹调、合理编制食谱和膳食制度，使膳食感官性状良好、品种多样化，并符合食品营养卫生标准，以适合人体的心理和生理需求，达到合理营养的目的。平衡膳食的具体措施包括食品原料的选择、膳食的调配和食谱的编制、合理的食品烹调加工等几个方面。其中平衡是膳食平衡的核心和关键。根据食物营养素的特点，现代平衡膳食的组成，必须包括以下四个方面的食物。

1. 谷类、薯类和杂粮

统称粮食，粮食是供给碳水化合物的主要来源，也含有蛋白质，虽含量不高，但因食用量大，所以也是蛋白质的主要来源，约占人体所需蛋白质的半数。粮食中还含有B族维生素和无机盐。一个人每天吃多少粮食，应根据热能需要来决定，它与年龄、劳动强度等均有关，也受副食供应量的影响。因此，粮食的消耗应与体力的消耗相适应。从事中等体力劳动的成年人，每天需要粮食500～600g，占膳食总重的51%。

2. 动物类和豆类

如猪、牛、羊、兔、鸡、鸭、鹅、水产类、蛋类、奶类及豆制品等。这类食物主要供给蛋白质，而且是生理价值高的优质蛋白质，以弥补主食中蛋白质供应之不足。从事中等体力劳动的成年人，动物肉类和蛋、奶、豆类在膳食中的比重应为6%。

3. 蔬菜类和水果类

在一个营养平衡的膳食里，新鲜蔬菜是必不可少的，否则就不能满足人体对维生素、食物纤维和无机盐的需要。蔬果类在膳食中所占的比重应为41%。

4. 油脂类

主要是烹调用油。烹调油在膳食中一是增加食物的香味，二是补充部分热能并供给必需的脂肪酸，还可以促进脂溶性维生素的吸收。一般烹调用油以多用植物油为好，当然也要兼顾各种脂肪酸的比例。烹调用油每天每人约需25g，占膳食总量的2%。

本章小结

一、油脂

组成：含偶数碳原子的直链高级脂肪酸的甘油酯。液态的叫油，固态的叫脂肪。

性质：水解、氢化、干性、酸败。

二、糖类

单糖：不能水解的多羟基醛（如葡萄糖）或多羟基酮（如果糖），具有还原性。葡萄糖是重要的营养物质。

低聚糖：水解后能生成两个或几个分子单糖。重要的是二糖，如蔗糖、麦芽糖等。蔗糖没有还原性，是重要的甜味食物。

多糖：单糖的高聚物。多糖水解最后的产物是单糖。淀粉、纤维素是重要的多糖。多糖不具有还原性，无甜味，淀粉遇碘呈蓝色。淀粉是人类的主要食物。

三、蛋白质

组成：基本结构单元是α-氨基酸。它是生命的物质基础，没有蛋白质就没有生命。

性质：水解，盐析，变性，颜色反应等。

阅读材料

新型甜味剂——三氯蔗糖

甜味剂是世界上研究和销售最活跃的食品添加剂之一。人们最常服用的甜味剂是食糖。然而，食糖作为一种高热量、低甜度的食品添加剂，长期食用容易患肥胖、高血脂、糖尿病、冠心病和龋齿等疾病，严重危害人体健康。

近年来，世界上已开发出质量好、安全性高的非营养性甜味剂，三氯蔗糖就是最具有代表性的一种。三氯蔗糖，因其甜度高，味质好，储存期长，无热量和安全性高等优点而被认为代表了目前强力甜味剂的最高水平和发展方向。

三氯蔗糖，又名蔗糖素（sucralose），是一种新型蔗糖氯化衍生物产品，也是唯一用蔗糖制作的无热量的高倍甜味剂，其化学名称为 4,1′,6′-三氯-4,1′,6′-三脱氧半乳型蔗糖（TGS）。是一种白色粉末状产品，具有无臭、无吸湿性、低热值、甜味品质及热稳定性好等特点。极易溶于水、乙醇和甲醇，室温（20℃）下在水中的溶解度为 28.2g，微溶于乙酸乙酯；对光、热和 pH 的变化均很稳定；表面张力为 71.8mN/m（20℃ 0.1g/100mL）。其化学构造式如图 11-1 所示。

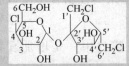

图 11-1 三氯蔗糖化学构造式

三氯蔗糖甜度为蔗糖的 600～800 倍，甜味特性较接近蔗糖，无后苦味，是一种不致龋齿的强力甜味剂。化学性质非常稳定，与食物中的蛋白质、果胶等成分不起化学反应，在烘烤工艺中甜度更稳定，是所有的强力甜味剂中性质最为稳定的一种。

三氯蔗糖无任何异味，无毒副作用，在人体内几乎不被吸收，热量值为零，是糖尿病人理想的甜味代用品。

三氯蔗糖首先由 1976 英国研究人员发现。泰特·莱尔公司和约翰逊兄弟公司于 1988 年合资开发投放市场，并且于 1998 年 3 月 21 日通过 FDA 审核批准。

三氯蔗糖是最新型第五代甜味剂，作为非营养性甜味剂，不会损坏牙齿，代谢不用胰岛素，且性能稳定、口感好、安全性高。因其在实际使用中不产生热量且甜度远高于蔗糖，故亦被称为高甜度低热量甜味剂。三氯蔗糖不损坏牙齿，又可避免大多数天然甜味剂，如蔗糖、果糖、麦芽糖那样可导致的肥胖病、高血脂、糖尿病和龋齿等疾病，也不像营养性甜味剂那样低甜度而价格高。预计今后几年，三氯蔗糖等非营养性甜味剂将作为食品专用甜味剂，在食品工业中占据主导地位。

由于三氯蔗糖的特殊结构，具有一定的抗菌防霉作用，可减少食品饮料中普通防腐剂的使用量，这对于人体健康也具有重要意义。

习 题

1. 选择题

(1) 油脂的硬化是_____。
A. 加成反应   B. 酯化反应
C. 氧化反应   D. 水解反应

(2) 能发生水解的高分子化合物是_____。
A. 蔗糖   B. 果糖   C. 麦芽糖   D. 淀粉

(3) 葡萄糖是一种_____。
A. 多羟基酮   B. 多羟基酸
C. 多羟基酯   D. 多羟基醛

(4) 下列属于非还原性糖的是_____。
A. 葡萄糖   B. 果糖   C. 蔗糖   D. 麦芽糖

(5) 蛋白质水解的最终产物是_____。
A. 羧酸   B. 二氧化碳和水   C. 氨基酸   D. 单糖

(6) 在蛋白质水溶液中加入饱和 Na_2SO_4 溶液，可以使蛋白质溶解度降低而从溶液中析出，这种作用叫_____。
A. 沉淀   B. 盐析   C. 硬化   D. 变性

2. 脂肪和油的区别在哪里？如何把油转化为脂肪？

3. 人体的三种主要营养素是什么，油脂对人体有什么利与弊？

4. 怎样用化学方法鉴别葡萄糖和蔗糖？

5. 在淀粉水解制取葡萄糖的过程中，用什么方法来检验淀粉已经开始水解？用什么方法来检验淀粉已经完全水解？

6. 没有成熟的苹果肉遇碘显蓝色，成熟的苹果汁能够还原银氨溶液。怎样解释这些现象？

7. 什么叫糖类？根据水解情况，糖类可以分为哪几类？

8. 根据蛋白质的性质回答下列问题。

(1) 为什么用煮沸的方法可以消毒？

(2) 为什么硫酸铜或氯化汞溶液能杀菌？

(3) 为什么铜、汞、铅等重金属盐对人、畜有毒？误服重金属后，如何解毒？

(4) 为什么可以用灼烧方法区别毛织物和棉织物？

学 生 实 验

实验一 化学实验基本操作和溶液的配制

一、目的要求
1. 认识化学实验的目的、意义及基本要求；了解实验注意事项。
2. 认领实验仪器，了解它们的使用范围和操作要求。
3. 练习和初步学会一些实验基本操作技能。
4. 学会托盘天平的使用和溶液的配制方法。

二、仪器和药品
1. 仪器

常用仪器1套　托盘天平

2. 药品

NaOH(固)　$CuSO_4 \cdot 5H_2O$(固)　自来水

三、实验内容
1. 认领仪器，熟悉名称规格，并按要求整齐地摆放在实验柜内。
2. 玻璃仪器的洗涤

用毛刷就水刷洗仪器，可以去掉仪器上附着的尘土、可溶性物质和易脱落的不溶性杂质。注意：使用毛刷刷洗试管时，应将毛刷顶端的毛顺着伸入到试管中，用食指抵住试管末端，来回抽拉毛刷进行刷洗，不可用力过大。也不要同时抓住几只试管一起刷洗。

用水不能洗净时，可用去污粉、肥皂或合成洗涤剂刷洗。先将要洗的容器用少量水润湿，然后撒入少量去污粉，用毛刷刷洗，最后用自来水冲洗干净。一般来说，洗净的玻璃仪器倒置时，水流尽后内壁不应挂水珠。

3. 加热操作

(1) 直接加热试管中的液体

试管中的液体可直接在火焰（酒精灯的使用见附1）上加热。加热液体时，用试管夹夹住试管中上部，试管稍倾斜，如图1所示。管口不要对着别人或自己，以免液体溅出造成烫伤。先加热液体的中上部，再慢慢往下移动，并不断上下移动，使液体各部分受热均匀，注意不要集中在某一部分加热，防止液体局部受热沸腾而冲出试管。

取一干净试管，在其中加入自来水，加入量不超过试管总容积的1/3。按上述要求练习加热。

（2）加热试管中的固体

加热固体时，管口稍向下倾斜，如图2所示，以免凝结在试管上端的水珠流到灼热的管底，使试管炸裂。试管可用试管夹或将试管固定在铁架台上，加热时，先加热固体中下部，再慢慢移动火焰，使各部分受热均匀，最后将火焰固定在试管中固体下部加热。

在干燥的试管中放几粒硫酸铜晶体，按上述要求进行固体加热练习。待晶体变为白色时，停止加热。当试管至室温时滴水，观察固体颜色的变化。

（3）加热烧杯、烧瓶中的液体

烧杯中所盛液体不能超过其容积的1/2，烧瓶则不超过1/3。玻璃仪器必须放在石棉网上，如图3所示，否则容易因受热不均匀而炸裂。

图1 加热试管中液体

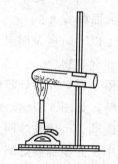
图2 加热试管中固体

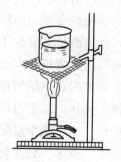
图3 加热烧杯中液体

4. 10%氢氧化钠溶液的配制

（1）计算配制50g质量分数为10%NaOH溶液所需固体NaOH的质量和水的质量。

（2）用托盘天平（使用见附4）称取所需固体NaOH，倒入烧杯中。

（3）用量筒量取所需的蒸馏水（操作见附2。水的密度按1g/mL计），倾入该烧杯中，搅拌，使其溶解。搅拌时玻璃棒要均匀转动，不要接触烧杯。

（4）将冷却到室温的NaOH溶液倒入试剂瓶中备用。

四、思考题

1. 如何洗涤试管并检验洁净程度？
2. 加热试管中的固体和液体时，应注意什么？
3. 称量固体NaOH为什么不能用纸或在托盘上直接称量？

附1 酒精灯的使用

酒精灯是实验室常用的加热仪器,以工业酒精为燃料,最高温度可达800℃,灯身、灯帽由玻璃制成,灯芯管由瓷制成。市售产品现多改用塑料灯帽。其规格以酒精容量(mL)表示,常用的有100mL、150mL。酒精易挥发、易燃,故使用时应注意以下几点。

(1) 往灯内添加酒精要使用漏斗,如图4所示,添入酒精量不能超过灯身容积的2/3(过满容易因酒精蒸发而在灯颈处起火)。在灯燃着时不准往灯内添加酒精,如图5所示。这样做极易引起火灾,因为此时"明火"的周围存在着酒精和酒精蒸气。

图4 往灯内加酒精

图5 灯燃着时添加酒

(2) 只能用燃着的火柴或细木条去点燃,绝不允许用另一只酒精灯去"对火",因为侧倾的酒精灯会溢出酒精,引起大面积着火!

(3) 灯内酒精耗到少于容积1/4以下时应及时补充,因酒精过少既容易烧焦灯芯,又容易在灯内形成酒精与空气的爆炸混合物。

(4) 必要时在点燃酒精灯前用镊子调整外露灯芯的长短,可以改变火焰的大小。一则为了便于操作,二则可以节约酒精,如图6所示。此外灯芯最好松紧适度,过紧则灯芯容易烧焦。为了减少灯焰摇摆和跳动,可用铁纱网卷一圆筒做防风罩,兼起拔火筒的作用,如图7所示。它能使火力集中,并稍提高灯焰的温度。

图6 调节灯芯可以控制灯焰大小

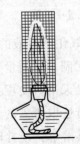

图7 集中火力的铁纱罩

(5) 熄灭酒精灯只允许用灯帽盖灭(使灯芯与空气隔绝),绝不准用嘴去吹!不用的酒精灯必须盖严灯帽,否则不但酒精会挥发,而且由于酒精的吸水性,会吸收空气中水分而使酒精变稀。有缺口的玻璃灯帽和灯口有裂缝的酒精灯都不能再用!

附2 化学试剂的取用规则

(1) 固体试剂的取用规则

① 要用干净的药匙取用。用过的药匙必须洗净和擦干后才能使用,以免沾污试剂。

② 取用试剂后立即盖紧瓶盖。

③ 称量固体试剂时,必须注意不要取多,取多的药品,不能倒回原瓶。

④ 一般的固体试剂可以放在干净的纸或表面皿上称量。具有腐蚀性、强氧化性或易潮解的固体试剂不能在纸上称量,应放在玻璃容器内称量。

⑤ 有毒的药品要在教师的指导下处理。

(2) 液体试剂的取用规则

① 从滴瓶中取液体试剂时,要用滴瓶中的滴管,其他滴管绝不能伸入所用的容器中,以免接触器壁而沾污药品。从试剂瓶中取少量液体试剂时,则需要专用滴管。装有药品的滴管不得横置或滴管口向上斜放,以免液体滴入滴管的胶皮帽中。

② 从细口瓶中取出液体试剂时,用倾注法。先将瓶塞取下,仰放在桌面上,手握住试剂瓶上贴标签的一面,逐渐倾斜瓶子,让试剂沿着洁净的试管壁流入试管或沿着洁净的玻璃棒注入容器中。取出所需量后,将试剂瓶口在容器上靠一下,再逐渐竖起瓶子,以免遗留在瓶口的液体滴流到瓶的外壁。

③ 在不需要准确量取试剂的体积时,不必每次都用量筒,可以估计取用液体的量。例如用滴管取用液体时,必须知道1mL液体相当于多少滴;5mL液体占一个试管(13mm×100mm)容量的几分之几等。这需要学生反复进行估量液体操作的练习,直到熟练掌握为止。倒入试管里的液体的量,一般不超过其容积的1/3。

④ 定量取用液体时,需用量筒或移液管取。量筒用于量度一定体积的液体,可根据需要选用不同容量的量筒。量取液体时,液面呈弯月形。正确的读数应使视线与弯月形的最低点保持水平。视线偏离或偏低(仰视或俯视)都会造成误差(图8)。

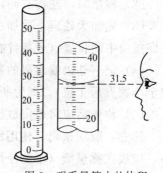

图8 观看量筒内的体积

量筒不能放入高温液体,也不能用来稀释硫酸或溶解氢氧化钠。量筒易倾倒而损坏,用完后应放在平稳之处。

附3 化学试剂等级标准

常用化学试剂根据其纯度的不同,分成不同的规格。我国生产的试剂一般分为下列各种级别:

试剂级别	中文名称	代号	瓶签颜色	使用要求
一级品	保证试剂或优级纯	GR	绿色	用于基准物质,主要用于精密的科研分析鉴定
二级品	分析纯及或分析纯	AR	红色	主要用于一般科研和分析实验
三级品	化学纯试剂或化学纯	CR	蓝色	用于要求较高的化学实验,也常用于要求较低的分析实验

续表

试剂级别	中文名称	代号	瓶签颜色	使用要求
四级品	实验试剂	LR	棕色、黄色或其他色	主要用于普通的化学实验和科研,有时也用于较高要求的工业生产
工业品				用于工业生产中

除上述一般试剂外,还有一些特殊要求的试剂。如指示剂、生化试剂和超纯试剂等,这些都在瓶签上注明。

在化学实验中大量使用的是四级品和少量的三级品,有些物质还可以使用工业品。因为不同规格的试剂价格差别很大,在保证达到教学效果的前提下,应尽可能采用级别较低的试剂,防止越级使用造成浪费。

附4 托盘天平的使用

化学实验要经常进行称量,托盘天平(又称为台秤,用于精确度要求不高的称量,可以称准至 0.1g)是常用的称量仪器。

(1) 称量前先调零点。将砝码游标拨到游码尺的"0"位处,检查托盘天平指针是否停在刻度盘上中间的位置。如果不在中间位置,可通过调节托盘下的螺丝,使指针正好停在刻度盘的中间位置。

(2) 称量时,左物右码,不可颠倒。

(3) 先加大砝码,再加小砝码,最后由游码(或更小的砝码)调节至托盘天平指针正好指向中间位置(或指针在刻度尺左右摇摆的距离几乎相等)为止。

(4) 记下砝码或游码的数值,至天平最小称量的位数(如最小称量为 0.1g,则记准至小数点后 1 位),即为所称物品重量。

(5) 称量后应将砝码放回砝码盒,游码退回刻度"0"处,取出盘中物品。

注意:取用砝码,使用镊子,不能用手拿取砝码。不允许将药品直接放在称量盘中,应放在称量纸(不能使用滤纸)或干净的玻璃容器(如小烧杯、表面皿)中。不能称量热的物品。应保持托盘天平的整洁,药品撒在天平上应立即清除。

实验二 重要的非金属化合物的性质

一、目的要求

1. 验证浓硫酸的特性,掌握 SO_4^{2-}、X^- 的检验操作。
2. 掌握氨的实验室制法;验证氨的性质;掌握 NH_4^+ 的检验操作。
3. 验证硝酸的性质。

二、仪器和药品

1. 仪器

带塞直角玻璃导管　大试管　研钵　玻璃棒　药匙　坩埚

2. 药品

$Ca(OH)_2$(固)　NH_4Cl(固)　$(NH_4)_2SO_4$(固)　HCl(浓)　$NH_3·H_2O$(浓)

HNO₃(浓、3mol/L)　　H₂SO₄(浓、0.1mol/L)　　Na₂SO₄(0.1mol/L)　　BaCl₂(0.1mol/L)
铜片　　Na₂CO₃(0.1mol/L)　　NaCl(0.1mol/L)　　KBr(0.1mol/L)　　KI(0.1mol/L)
AgNO₃(0.1mol/L)　　NaOH(10%)

三、实验内容

1. 浓硫酸的特性

（1）在试管中放入一小块铜片，加入 2~3mL 浓硫酸，加热，观察现象。用湿润的蓝色石蕊试纸检验试管口放出的气体。写出化学方程式。溶液稍冷后用水稀释，观察溶液的颜色。

（2）用玻璃棒蘸取浓硫酸在白纸上写字，稍后或在酒精灯上烘烤，观察字迹的变化。解释其原因。

2. X^-、SO_4^{2-} 的检验

（1）取三支试管分别加入 1mL 0.1mol/L NaCl 溶液、KBr 溶液、KI 溶液，然后在这三支试管中分别加入 2 滴 0.1mol/L AgNO₃ 溶液，观察沉淀的颜色。分别弃去上层的清液，在这三支试管中分别加入 2 滴 3mol/L HNO₃ 溶液，观察沉淀是否溶解。写出有关化学方程式。

（2）取三支试管分别加入 1mL 0.1mol/L H₂SO₄ 溶液、Na₂SO₄ 溶液、Na₂CO₃ 溶液，然后在这三支试管中分别加入 5 滴 0.1mol/L BaCl₂ 溶液，观察白色沉淀的生成。写出反应化学方程式。然后向每支试管分别加入 3mol/L HNO₃ 溶液，振荡试管，观察沉淀是否溶解。写出有关化学方程式。

3. 氨的实验室制备方法和性质

（1）取 Ca(OH)₂（固）和 NH₄Cl（固）各一药匙，放在研钵中研细并充分混合后，装入一支干燥的试管中，按图9装置。小心加热试管，用向下排气法收集一试管 NH₃，塞好塞子待用。写出制备 NH₃ 的化学方程式。

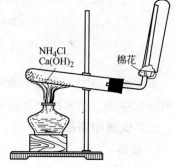

图9　氨的制备

（2）将盛有 NH₃ 的试管倒置于盛有水的烧杯中，在水中打开塞子，观察现象，并加以说明。写出反应化学方程式。

用手指堵住试管口，将试管由水中取出，滴入酚酞，观察现象，并加以说明。

（3）在小坩埚内滴入 3~5 滴浓氨水，再把一只用浓盐酸润湿过的小烧杯倒扣在坩埚上，观察现象，并加以说明。写出反应化学方程式。

4. NH_4^+ 的检验

（1）取一支试管，加入少量固体 NH₄Cl，再加入少量 NaOH 溶液，微热，将湿润的红色石蕊试纸放在试管口，观察石蕊试纸的颜色变化。

（2）用少量固体 (NH₄)₂SO₄ 代替 NH₄Cl，重复上述实验过程，观察总结铵盐的检验方法。

5. 硝酸的特性

在试管中放入一小块铜片，加入约 1mL 浓 HNO₃，观察产生的气体和溶液的颜色。

再向试管中加入约 5mL 水，观察气体颜色的变化，写出铜与浓 HNO_3、稀 HNO_3 反应的化学方程式。

四、思考题

1. 浓硫酸有哪些特性？
2. 怎样收集氨气，能否用排水集气法收集，为什么？
3. 铜分别与浓 HNO_3、稀 HNO_3 作用时，其现象有什么不同？

实验三　化学反应速率和化学平衡

一、目的要求

1. 验证浓度、温度和催化剂对化学反应速率的影响。
2. 验证浓度和温度对化学平衡的影响。
3. 练习在水浴中保持恒温的操作。

二、实验原理

1. $2KIO_3 + 5NaHSO_3 \longrightarrow Na_2SO_4 + 3NaHSO_4 + K_2SO_4 + I_2 + H_2O$

反应中产生的 I_2 遇淀粉变蓝色。若在溶液中预先加入淀粉指示剂，则可根据淀粉变蓝所需时间的长短，来判断反应速率的快慢。

2. $2H_2O_2 \longrightarrow 2H_2O + O_2 \uparrow$

该反应可以用 MnO_2 作催化剂，它可以加快化学反应速率。

3. $\quad\quad\quad\quad\quad\quad FeCl_3 + 3KSCN \rightleftharpoons Fe(SCN)_3 + 3KCl$

$\quad\quad\quad\quad\quad\quad 2NO_2(g) \rightleftharpoons N_2O_4(g)$ （放热反应）

$\quad\quad\quad\quad\quad\quad$（棕红色）　　（无色）

在可逆反应中，达到平衡状态以后，改变浓度和温度等外界条件，引起可逆反应的平衡发生移动。上面两个反应通过颜色的变化可以证明平衡的移动。

三、仪器和药品

1. 仪器

量筒（10mL、25mL、50mL）　烧杯（100mL）　秒表　水浴锅　温度计　NO_2 平衡仪

2. 药品

KIO_3（0.05mol/L）　$NaHSO_3$（0.05mol/L）的淀粉溶液　MnO_2（粉末）　H_2O_2（3%）　$FeCl_3$（0.01mol/L）　KSCN（0.01mol/L）

四、实验内容

1. 浓度对化学反应速率的影响

在室温下，用 10mL 量筒（量筒要专用，切勿混用）量取 10mL 0.05mol/L $NaHSO_3$ 淀粉溶液，倒入小烧杯中，用 50mL 量筒量取 35mL 蒸馏水也倒入小烧杯中。用 25mL 量筒量取 5mL 0.05mol/L KIO_3 溶液迅速倒入盛有 $NaHSO_3$ 溶液的小烧杯中，立刻按动秒表计时，并用玻璃棒搅拌溶液，当溶液变蓝时停止计时，记下溶液变蓝所需时间，并填入下面的表格中。

用同样的方法依次按下表进行实验。

实验序号	V(NaHSO₃ 淀粉)/mL	V(H₂O)/mL	V(KIO₃)/mL	溶液变蓝时间/s
1	10	35	5	
2	10	30	10	
3	10	20	20	

根据实验结果，说明浓度对反应速率的影响。

2. 温度对化学反应速率的影响

先将上表中实验 2 的结果抄入下表实验 1。

在 100mL 小烧杯中，加入 10mL 0.05mol/L NaHSO₃ 淀粉溶液和 30mL 水，用 25mL 量筒量取 10mL 0.05mol/L KIO₃ 溶液加入另一支试管中，将小烧杯和试管同时放在热水浴中，加热到比室温高 10℃ 时取出。将 KIO₃ 溶液迅速倒入盛有 NaHSO₃ 溶液的小烧杯中，立刻按动秒表计时，并用玻璃棒搅拌溶液，记下溶液变蓝所需时间，并填入下面的表格中。

用同样的方法，比在室温高 20℃ 的条件下进行试验，结果填入下表。

实验序号	V(NaHSO₃ 淀粉)/mL	V(H₂O)/mL	V(KIO₃)/mL	温度/℃	溶液变蓝时间/s
1	10	30	10		
2	10	30	10		
3	10	30	10		

根据实验结果，说明温度对反应速率的影响。

3. 催化剂对化学反应速率的影响

在试管中加入 3mL H_2O_2（3%）溶液，观察是否有气泡产生。然后加入少量的 MnO_2 粉末观察是否有气泡发生。请验证放出的气体为何种气体。写出化学方程式，并说明 MnO_2 在反应中的作用。

4. 浓度对化学平衡的影响

在一个小烧杯里加入 10mL 0.01mol/L 的 $FeCl_3$ 溶液和 10mL 0.01mol/L KSCN 溶液，摇匀溶液呈红色。将该溶液平均分到 3 支试管里，往第 1 支试管里加几滴 $FeCl_3$ 溶液，第 2 支试管中加入几滴 KSCN 溶液。然后充分振荡，跟第 3 支试管相比较，观察这两支试管中溶液颜色的变化。根据溶液颜色的变化，说明浓度对化学平衡的影响。

5. 温度对化学平衡的影响

将充有 NO_2 气体的平衡仪的两球分别置于盛有冷水和热水的烧杯中，如图 10 所示。观察平衡仪两球颜色的变化。说明温度对化学平衡的影响。

图 10　NO_2 气体平衡仪

五、思考题

1. 根据实验说明浓度、温度和催化剂如何影响化学反应速率。
2. 根据实验说明浓度、温度如何影响化学平衡的移动。

实验四 电解质溶液 pH 测定

一、目的要求

1. 验证强电解质和弱电解质的区别，以及弱电解质的电离平衡的移动；
2. 巩固 pH 的概念，学会使用酸碱指示剂和 pH 试纸。
3. 验证盐类水解及影响盐类水解的因素。

二、仪器和药品

1. 仪器

试管　酒精灯　药匙

2. 药品

HCl(0.1mol/L，2mol/L)　CH_3COOH(0.1mol/L，2mol/L)　NaOH(0.1mol/L)　$NH_3 \cdot H_2O$(0.1mol/L)　CH_3COONa(0.1mol/L，固)　NaCl(0.1mol/L)　NH_4Cl(0.1mol/L，固)　CH_3COONH_4(0.1mol/L，固)　$FeCl_3$(固)　锌粒　酚酞试液　甲基橙试液　pH 试纸

三、实验内容

1. 强电解质和弱电解质的比较

（1）在两支试管中，分别加入 1mL 0.1mol/L HCl 溶液和 1mL 0.1mol/L CH_3COOH 溶液，再在每支试管中各加入 1 滴甲基橙和 1mL 水，比较两支试管中的颜色。

（2）两支试管中，分别加入 2mL 2mol/L HCl 溶液和 2mL 2mol/L CH_3COOH 溶液，各加入几粒锌粒，比较两支试管中的反应情况（若不明显，可微热）。写出反应方程式。

2. 弱电解质的电离平衡

（1）取一支大试管，加入 5mL 0.1mol/L CH_3COOH 溶液，再滴入 3～4 滴甲基橙指示剂，振荡，摇匀后，等分于三支小试管中。一支留作对照，另两支分别加入少量的固体 CH_3COONa 和 CH_3COONH_4，振荡试管，使固体溶解，观察并比较溶液颜色的变化。

（2）取一支大试管，加入 5mL 0.1mol/L $NH_3 \cdot H_2O$ 溶液，再滴入 3～4 滴酚酞，振荡，摇匀后，等分于三支小试管中。一支留作对照，另两支分别加入少量的固体 NH_4Cl 和 CH_3COONH_4，使固体溶解，观察并比较溶液颜色的变化。

3. pH 的测定

用 pH 试纸测定下列浓度均为 0.1mol/L 溶液的 pH。

溶液	HCl	CH_3COOH	NaOH	$NH_3 \cdot H_2O$
pH				

4. 盐类水解

（1）用 pH 试纸测定下列浓度均为 0.1mol/L 溶液的 pH，将结果填入下表，并判

断盐的类型。

溶液	NaCl	NH$_4$Cl	CH$_3$COONa	CH$_3$COONH$_4$
pH				
酸碱性				
盐的类型				

（2）在试管中加入 2mL 0.1mol/L CH$_3$COONa 溶液和 1 滴酚酞试液，观察溶液的颜色。再用小火加热溶液，观察溶液颜色的变化。写出水解的离子方程式，并简单解释。

（3）取一药匙固体 FeCl$_3$ 放入小烧杯中用水溶解，观察溶液颜色及是否澄清透明。将溶液分为三份，第一份加 2mol/L HCl 溶液，第二份小火加热，观察这两份溶液的颜色与状态，与第三份比较有何不同，为什么？

四、思考题

1. 弱电解质的电离有什么特点？影响电离平衡的因素有哪些？
2. 弱酸弱碱盐水溶液的 pH 是否一定等于 7？为什么？

实验五　乙烯、乙炔的制法和性质

一、目的要求

1. 掌握乙烯、乙炔的实验室制法。
2. 验证乙烯、乙炔的主要性质，并掌握它们的鉴别方法。

二、仪器和药品

1. 仪器

蒸馏烧瓶（50mL）　滴液漏斗　支管试管　导气管　尖嘴玻璃管　温度计（250℃）

2. 药品

乙醇（95%）　浓硫酸（96%～98%）　NaOH（10%）　稀溴水（2%）　KMnO$_4$（0.1%）　电石　沸石

三、实验内容

1. 乙烯的制备和性质

在干燥的 50mL 蒸馏烧瓶中，加入 6mL 95%乙醇，在振摇与冷却下，分批加入 18mL 浓硫酸，并加入几粒沸石，以免混合液在受热时剧烈跳动。温度计的汞球应浸入反应液中，但不能接触瓶底。蒸馏烧瓶的支管与盛有 10% NaOH 溶液洗气装置相连。装置如图 11 所示。

准备两支试管，分别加入下列试剂。

（1）2mL 稀溴水。

（2）1mL 0.1% KMnO$_4$ 溶液，并加入几滴浓硫酸。

检查仪器安装是否严密，然后即可开始加热。开始用强火加热，使反应液温度迅速升至160℃。可调节火焰使温度维持在160～180℃之间，当乙烯气体连续均匀发生后，

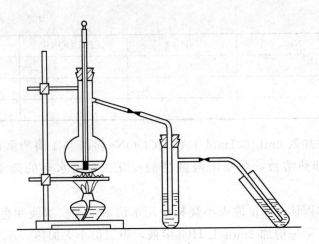

图 11　制备乙烯的装置

立即进行下列性质实验。

(1) 将导气管插入稀溴水中，观察溶液颜色的变化。

(2) 将导气管插入 $KMnO_4$ 溶液中，观察溶液颜色的变化。

(3) 撤去洗气瓶，将导气管直接连在蒸馏烧瓶支管上，并将尖嘴管口向上，点燃乙烯气体，观察火焰明亮程度。

写出以上反应的化学方程式。

2. 乙炔的制备和性质

(1) 在大试管中加入 3～4mL 水，再放入 2 小块电石，立即把一团疏松的棉花塞进试管上部（避免生成的泡沫喷出），用带尖嘴导气管的胶塞塞住试管。点燃乙炔气体，观察火焰明亮程度和烟的多少。

(2) 重复以上乙炔制备的实验，将生成的乙炔气体分别通入盛有酸性 $KMnO_4$ 溶液和稀溴水的试管中，观察溶液颜色的变化。

写出以上反应的化学方程式。

四、思考题

1. 实验室制乙烯的实验关键是什么？为什么？应采取什么措施？

2. 乙烯和乙炔燃烧的焰色有什么不同？为什么？

实验六　烃的含氧衍生物的性质

一、目的要求

验证乙醇、乙醛、乙酸、苯酚的主要性质，并掌握它们的鉴别方法。

二、仪器和药品

1. 仪器

试管　酒精灯　大烧杯　玻璃棒　铁架台　铁夹　温度计

2. 药品

无水乙醇　钠　乙醇(95%)　$AgNO_3$(10%)　$NH_3 \cdot H_2O$(2%)　乙醛(40%)　斐

林试剂 A 和斐林试剂 B　乙酸(36%)　冰乙酸　Na_2CO_3(饱和、粉末)　苯酚　饱和溴水　NaOH(5%)　$FeCl_3$(1%)　pH 试纸　$K_2Cr_2O_7$(5%)　H_2SO_4(浓)

三、实验内容

1. 乙醇的性质

(1) 醇钠的生成

在一支干燥试管中加入 1mL 无水乙醇，切取黄豆大小的金属钠，用滤纸擦干附着的煤油，然后投入乙醇中，观察现象。写出反应方程式。用大拇指按住试管口片刻，再用点燃的火柴接近管口，有什么现象发生？写出反应方程式。

(2) 乙醇的氧化

在试管中加入 5% $K_2Cr_2O_7$ 5 滴和浓 H_2SO_4 1 滴，混匀后加入乙醇 3~4 滴，再振荡，将试管置于水浴中微热，观察溶液颜色的变化，并在试管口注意气味变化。写出有关反应方程式。

2. 乙醛的性质

(1) 与托伦试剂反应

在洁净的试管中加入 10% 的 $AgNO_3$ 溶液 1mL，滴加 1 滴 5%NaOH 溶液，不断振荡，逐滴加入 2% $NH_3·H_2O$，直至析出的沉淀恰好溶完为止。然后，滴加 3 滴乙醛溶液，振荡后，可放 60℃水浴中加热几分钟，观察有无银镜生成。写出反应方程式。

(2) 与斐林试剂反应

在试管中加入斐林试剂 A 和斐林试剂 B 各 5mL，混匀后加入 5 滴乙醛溶液，振荡后，可放沸水浴中加热几分钟，取出，观察现象。写出反应方程式。

3. 乙酸的性质

(1) 乙酸的酸性

用干净的玻璃棒蘸取乙酸溶液，在 pH 试纸上测出 pH，并确定它的酸碱性。

在一支试管中加入 1g Na_2CO_3 粉末，加入乙酸溶液到不再有气体发生为止。观察气体的放出和 Na_2CO_3 的溶解。写出反应方程式。

(2) 成酯反应

在一支干燥试管中加入 1mL 无水乙醇和 1mL 冰乙酸，并滴加 3 滴浓 H_2SO_4，摇匀后放在 70~80℃水浴中加热 10min，放置冷却后，再滴加约 3mL 饱和 Na_2CO_3 溶液，中和反应至明显分层，并可闻到特殊香味。

4. 苯酚的性质

(1) 弱酸性

在试管中加入 0.3g 苯酚和 1mL 水，振摇并观察其溶解性。将试管放在水浴中加热几分钟，取出，观察其中的变化。将热的溶液冷却，有什么现象发生？向其中滴加 5% 的 NaOH 溶液并振摇，此时发生了什么变化？写出反应方程式。

(2) 与溴水的反应

在试管中加入少量苯酚和 2~3mL 水，制成透明的苯酚稀溶液，滴加饱和溴水，观察现象。写出反应方程式。

(3) 与 $FeCl_3$ 溶液的反应 在试管中加入少量苯酚和 2mL 水，振摇使其溶解，再向

试管中逐滴加入 $FeCl_3$ 溶液，观察有何现象发生。

四、思考题

1. 在三支试管中，分别盛有乙醇、乙醛、乙酸，怎样用化学方法来鉴别它们？

2. 如何证明苯酚具有弱酸性？为什么苯酚不溶于 $NaHCO_3$ 溶液，却能溶于 NaOH 溶液？

附 录
常见酸、碱和盐的溶解性表(20℃)

阴离子 阳离子	OH^-	NO_3^-	Cl^-	SO_4^{2-}	S^{2-}	SO_3^{2-}	CO_3^{2-}	SiO_3^{2-}	PO_4^{3-}
H^+	溶、挥	溶、挥	溶、挥	溶	溶、挥	溶、挥	溶、挥	微	溶
NH_4^+	溶	溶	溶	溶	溶	溶	溶	溶	溶
K^+	溶	溶	溶	溶	溶	溶	溶	溶	溶
Na^+	溶	溶	溶	溶	溶	溶	溶	溶	溶
Ba^{2+}	微	溶	溶	不	—	不	不	不	不
Ca^{2+}	不	溶	溶	微	—	不	不	不	不
Mg^{2+}	不	溶	溶	溶	—	微	微	不	不
Al^{3+}	不	溶	溶	溶	—	—	—	不	不
Mn^{2+}	不	溶	溶	溶	不	不	不	不	不
Zn^{2+}	不	溶	溶	溶	不	不	不	不	不
Cr^{3+}	不	溶	溶	溶	—	—	—	不	不
Fe^{3+}	不	溶	溶	溶	—	—	—	不	不
Fe^{2+}	不	溶	溶	溶	不	不	不	不	不
Sn^{2+}	不	溶	溶	溶	不	—	—	不	不
Pb^{2+}	不	溶	微	溶	不	不	不	不	不
Cu^{2+}	不	溶	溶	溶	不	—	不	不	不
Hg^+	—	溶	不	微	不	不	不	—	不
Hg^{2+}	—	溶	溶	溶	不	不	不	—	不
Ag^+	—	溶	不	微	不	不	不	不	不

注:"溶"表示那种物质可溶于水,"不"表示不溶于水,"微"表示微溶于水,"挥"表示具有挥发性,"—"表示那种物质不存在或遇到水就分解。

参 考 文 献

[1] 旷英姿. 化学基础. 第 2 版. 北京：化学工业出版社，2007.

[2] 刘同卷. 化学. 北京：化学工业出版社，2001.

[3] 劳动部培训司组织编写. 化学. 第 3 版. 北京：中国劳动出版社，1999.

[4] 中专工科化学教材编写组编写. 化学. 第 4 版. 北京：高等教育出版社，1998.

[5] 初玉霞. 有机化学. 第 3 版. 北京：化学工业出版社，2012.

[6] 王添惠. 有机化学. 第 2 版. 北京：化学工业出版社，2008.

[7] 朱止平. 化学. 北京：气象出版社，2000.

[8] 曹天鹏. 普通化学. 北京：中国纺织出版社，1995.

[9] 王积宏. 化学. 北京：机械工业出版社，1984.

[10] 李梅君，陈娅如. 普通化学. 上海：华东师范大学出版社，2001.

[11] 胡学贵. 高分子化学与工艺学. 北京：化学工业出版社，1996.

[12] 李素婷，陈怡. 化学基础. 北京：化学工业出版社，2007.